玩真的！
Git×
GitHub
實戰手冊

Git for Programmers

玩真的！

Git × GitHub

實戰手冊

Git for Programmers

coding 實境

協同開發

雲端同步

感謝您購買旗標書,
記得到旗標網站
www.flag.com.tw
更多的加值內容等著您…

<請下載 QR Code App 來掃描>

● FB 官方粉絲專頁:旗標知識講堂

● 旗標「線上購買」專區:您不用出門就可選購旗標書!

● 如您對本書內容有不明瞭或建議改進之處,請連上
旗標網站,點選首頁的 聯絡我們 專區。

若需線上即時詢問問題,可點選旗標官方粉絲專頁
留言詢問,小編客服隨時待命,盡速回覆。

若是寄信聯絡旗標客服 email, 我們收到您的訊息
後,將由專業客服人員為您解答。

我們所提供的售後服務範圍僅限於書籍本身或內
容表達不清楚的地方,至於軟硬體的問題,請直接
連絡廠商。

學生團體　　訂購專線:(02)2396-3257 轉 362
　　　　　　傳真專線:(02)2321-2545

經銷商　　　服務專線:(02)2396-3257 轉 331
　　　　　　將派專人拜訪
　　　　　　傳真專線:(02)2321-2545

作　　者/Jesse Liberty

翻譯著作人/旗標科技股份有限公司

發 行 所/旗標科技股份有限公司

　　　　　台北市杭州南路一段15-1號19樓

電　　話/(02)2396-3257(代表號)

傳　　真/(02)2321-2545

劃撥帳號/1332727-9

帳　　戶/旗標科技股份有限公司

監　　督/陳彥發

執行企劃/張根誠

執行編輯/張根誠

美術編輯/林美麗

封面設計/林美麗

校　　對/張根誠

新台幣售價:580 元

西元 2024 年 1 月 初版 3 刷

行政院新聞局核准登記-局版台業字第 4512 號

ISBN　978-986-312-731-4

國家圖書館出版品預行編目資料

玩真的! Git/GitHub 實戰手冊 / Jesse Liberty 著 林子政 譯
-- 初版. -- 臺北市:旗標, 2022.10　　面;　　公分

譯自:Git for Programmers

ISBN 978-986-312-731-4 (平裝)

1. CST: 軟體研發　2. CST: 電腦程式設計

312.2　　　　　　　　　　　　　　111015043

前言

　　Git 功能強大, 但易學難精。許多開發人員 (包括我自己) 每天都在使用它。然而很多人雖然已經在用 Git, 還是三不五時上網查找 "為什麼執行結果變這樣", 或許就是因為在學的時候沒有搭配適當的演練情境。還有一個原因是 Git 有大量很少使用的指令, 通常每個指令都有選項都有一長串選項, 更慘的是, 有些網站的內容根本是錯的！有些網站會列出變造過的 Git 指令說明 (例如搜尋 "git man page generator"), 看起來就像真的一樣, 透過網路找資料真的要很小心。

　　你很幸運──這本書可以幫到你！

　　我有幸認識 Jesse 至少十年了。我們一直是同事、共同主持人、共同作者, 也是好朋友。Jesse 通常能常在複雜問題中抓到要領, 並以簡明的方式解釋它們。這本書設計得很好, 寫得很實務。有些地方你需要了解一些 Git 內部知識才能理解在做什麼, Jesse 在這方面解釋的很清楚, 但他不會帶你浪費時間鑽研一些瑣事。

　　書中針對 rebase、amend、cherry-pick 和 interactive rebasing 是我最愛的章節, 可以幫助讀者更了解這些指令的用途。alias、log、stash 和 bisect 的指令看似簡單, 但透過 Jesse 的講解也讓我了解如何用它們更有效率地工作。希望本書能對你帶來幫助, 歡迎一起加入 Git、GitHub 的世界。

Jon Galloway
.NET Community Team 資深 Program Manager

目錄

第 3 章　五個 Git 常用區域以及
　　　　分支 (Branches) 概念

第 4 章　檢視 commits 內容並
　　　　合併 (merge) 分支

第 5 章 rebase、amend 和 cherry-pick 指令

第 6 章 用 Interactive rebase 修改 commit 歷史紀錄

第 7 章 製作儲存庫副本 (mirror)、notes 與 tag 等實用指令

1

序章

歡迎進入 Git、GitHub 的世界！本章我們先帶您暖暖身, 為您介紹
以下主題：

- 版本控制 (version control) 和 Git 的簡介。
- 取得 command line (命令列) 工具以及各種 Git 圖形介面操作工
  具。
- 安裝 Git, 並執行第一個 Git 指令。
- 完成個人資訊的設定。

1.1 認識版本控制 (version control)

Git 可以說是目前最流行的**版本控制系統 (version control system)**, 在版本控制的概念出現前, 開發者在撰寫程式時, 若害怕程式遺失, 通常就是把放程式的整個目錄備份下來, 簡單粗暴, 但想取用卻沒啥效率, 必須一一手動找~找~找, 也很難與他人共享。

而版本控制系統正可幫我們輕鬆完成這些工作, 雖然除了 Git 以外還有其他工具, 但 Git 是當中最方便的, Git 已經是市佔率最高的版本控制系統, 市場說了算, 這個工具絕對值得您好好學習。

2005 年 7 月, 在僅僅幾個月的努力後, Linux 背後的天才 Linus Torvalds 發佈了 Git, 起初他是要滿足自己以及 Linux 社群的需求, 最終, 現在滿足了全世界眾多開發者的需求。

在當時, 大多數版本控制系統是集中式的做法, 所有文件都保存在一個大伺服器上, 而 Git 使用分散式的概念, 每個人都有自己的儲存庫 (Repository, 放程式的地方, 後述), 若是想與他人共享, 也可以透過自架伺服器或雲端服務 (如後面介紹的 GitHub) 來做。

要注意的是, 用 Git 不見得需要一個伺服器存在, 你也可以在自己的電腦上做自己程式的版本管理就好, 但若你在團隊中工作或學生間做專案, 有一個伺服器會讓共享程式更為方便, 本書也會提及這部分, 而不僅是單機學 Git 指令而已。

1.2 可以用 Git 來管理的程式

簡單說, 什麼程式都可以用 Git 來管 (= 做版本控制)! 不管是 Python、JavaScript、Java..., 當然, .txt 純文字檔也不成問題。例如作者經常以底下這支 Hello World 程式為版本控制的出發點:

```
public class Program
{
    public void PrintHello()
    {
        Console.WriteLine("Hello World！") ;
    }
}
```

　　上面是一段 C# 程式, 宣告了名為 Program 的類別 (Class), 在該類別中定義了一個名為 PrintHello 的 method (函式), 它將 "Hello World！" 輸出到螢幕上。

　　當然, 程式的內容怎麼寫不是本書的重點, 但後續學習 Git 會需要您準備好上面這樣的簡單程式做為出發點, Python、網頁程式…什麼都行 (若手邊沒現成的程式可以參考本書 demo 的內容), 這樣您在操作 Git 時才會有些「臨場感」。我們用 Git 的重點就是管控開發過程中每支程式經過修修改改後的各種版本, 如此一來需要時可以回復、誤刪部分內容時可以救回…等等。

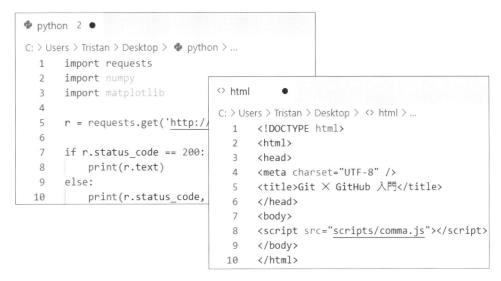

▲ 手邊現成的 Python、網頁前端程式…等, 都可以用 Git 來管控

1.3 操作 Git 的各種工具

可用來操作 Git 的工具有很多, 從下文字指令的 command line (命令列) 工具到 GUI 圖形介面工具都有, 初接觸 Git 時, 可能光各工具的名稱就會讓初學者混淆, 例如 Git 與 GitHub 到底是差在哪, 底下就簡單做個釐清。

> 直接先列出來, 底下是初學 Git 時幾個容易搞混的名詞（尤其前兩個！）:
>
> · **Git**：是指要安裝在電腦上的版本管理工具, 可以用 command line 下 Git 指令 (這些指令就是本書要學的), 或者各種圖形介面工具 (免下指令) 來操作。
> · **GitHub**：是指熱門的線上共享儲存庫網站。
> · **GitHub Desktop**：是指安裝在電腦上, 用來操作 Git 的圖形介面工具, 可以跟 GitHub 網站連動。

1.3.1 認識 GitHub

有許多網路服務允許使用建立線上共享的**儲存庫** (Repository, 指放置所有程式版本的位置), 比較有名的有 **GitHub** (https://github.com/)、微軟的 **Azure** (https://azure.microsoft.com/)、**BitBucket** (https://bitbucket.org/) 和 **Gitlab** (https://gitlab.com/) …等。其中 GitHub 可以非常直覺簡單的方式託管程式, 是開發者一定要熟悉的, 更不用說現在 GitHub 早已被視為重要的線上技術履歷。本書的線上共享儲存庫就會以 GitHub 為主。

▲ GitHub 網站

1.3.2 認識操控 Git 的 command line 與 GUI 工具

用 Git 管控儲存庫內的程式主要有兩種方式, 一種是用 command line 工具下 Git 指令, 另一種則是利用 GUI 圖形介面工具來操作。

很多初學者一聽到用 command line 工具下 Git 指令就避之惟恐不及, 但學習 Git 您是避不掉的, 而且很多功能只能用 Git 文字指令來處理。過來人告訴我們, 熟悉 Git 文字指令會有助於你使用 GUI 工具, 因為你會更了解實際發生的事情。在 Git 領域中, 專家往往指的是懂得用 command line 下指令的開發者。

至於 Git 的 GUI 工具, 主要可以分兩種:

❶ **直接在慣用的程式開發環境使用 Git 功能**:由於 Git 太紅了, 為了方便開發者利用 Git 做程式的版本管控, 很多 IDE 開發環境都設計了 Git 功能, 例如許多人愛用的 **Visual Studio** 或 **VS Code (Visual Studio Code)** 都有提供 Git 選單可以操作:

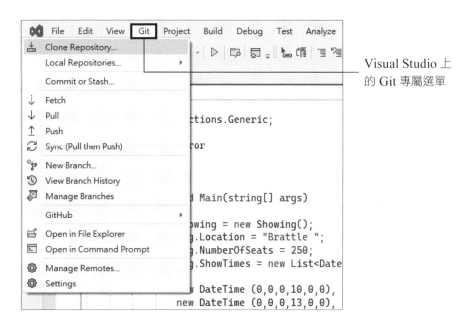

Visual Studio 上的 Git 專屬選單

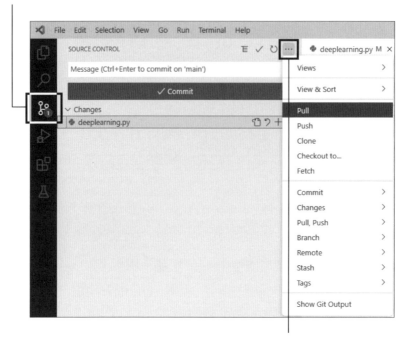

VS Code 的 Source control
頁次也提供 Git 功能可以操作

點選這裡就可以執行各種 Git 功能

要提醒的是, 雖然開發環境上有 Git 功能可以直接用, 但依經驗, 有些功能還是用 command line 工具來操作比較快, 甚至有些功能只能下文字指令來操作, 因此建議讀者在剛學 Git 時, 最好以 Git 文字指令為主, GUI 工具為輔來學習。

❷ **純 Git GUI 操作介面:** 另一種 GUI 工具是沒有提供撰寫程式的環境, 純粹是用來取代 Git 文字指令用的, 常見的有 **GitHub Desktop**、 **Sourcetree** 等。也就是說, 當您在慣用的程式開發環境撰寫好程式後, 要再額外啟動這類工具來執行 Git 功能。

雖然缺點是開發環境跟 Git 的操作分開, 但這類工具通常都很輕便, 而且提供了比 command line 介面更易閱讀的資訊, 還是深受不少人喜愛:

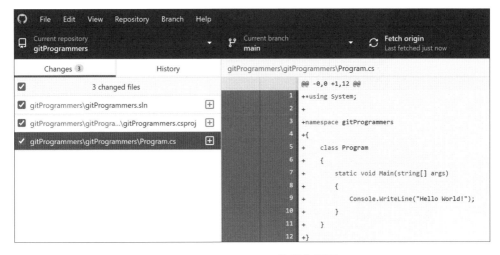

▲ GitHub Desktop 的操作畫面

1.3.3 我要選用哪種工具操作 Git？

目前有各種優秀的 GUI 工具不斷被開發出來, 依作者的經驗, 當你接觸過一兩種 GUI 工具並熟悉它所對應的 command line 指令, 未來無論使用哪種 GUI 工具都會很容易上手。本書您會看到的 Git 教學是以 command line 工具為主, GUI 工具則是以 Visual Studio (Community 免費社群版) 為主要示範, VS Code 和 GitHub Desktop 則偶爾穿插出現。閱讀本書建議您安裝上述工具來操作。

此外, 有不少開發工具是 GUI 與 command line 介面兼具的, 像是 Visual Studio 跟 VS Code 都有提供「終端機」之類的 command line 介面, 只要開啟後, 就可以直接下 Git 文字指令 (1-16 頁會看到怎麼做), 對於慣用文字指令的使用者來說很方便。

GUI 工具百百種, 本書雖然無法全都涵蓋, 但重申一次, 初學 Git 時千萬不要逃避 Git 文字指令, 掌握好指令用法後, 無論用哪種 GUI 工具都會很好上手。

1.3.4 取得 command line 工具

在 Windows 作業系統上，**命令提示字元**就是現成可以拿來用的 command line 工具，不過缺點是有點陽春：

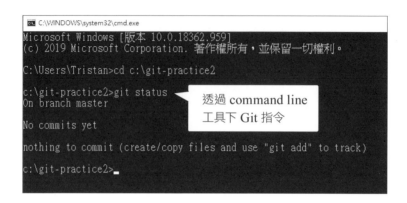

此外，某些版本的 Windows 10 也有內建 **Powershell** 這個 command line 工具，本書主要就是用 Powershell 來執行各種 Git 指令。不過 Powershell 不是每個 Windows 系統都有內建，因此請跟著本書額外安裝 **Powershell 7** 來操作：

● **下載網址**：https://github.com/PowerShell/PowerShell/releases/
tag/v7.2.1

下載 Powershell 安裝檔

安裝過程一直採用預設值即可, 安裝好後, 本書額外替 Powershell 做了
美化, 安裝了「Oh My Posh」這個佈景主題套件, 可以呈現更便於操作的
資訊:

此例安裝的是 Oh My Posh 當中的
powerlevel10k_modern 佈景主題, 在最
後清楚提示是在哪個儲存庫分支 (後述)

執行

```
 C:\Github\CommandLine\ProGitForProgrammers      ⑂ main
) git status
On branch main
Your branch is up to date with 'origin/main'.

Changes not staged for commit:
  (use "git add <file>..." to update what will be committed)
  (use "git restore <file>..." to discard changes in working directory)
        modified:   ProGitForProgrammers/ProGitForProgrammers/Program.cs

no changes added to commit (use "git add" and/or "git commit -a")
```

安裝 Oh My Posh 佈景主題的教學網址如下:

● http://jliberty.me/PrettyGit (英文版教學)

● https://blog.kwchang0831.dev/blog/dev-env/pwsh-powershell7
(中文版教學)

> ★編註 若以上連結失效, 在 Google 搜尋 "美化 Powershell"、"Powershell
> Oh My Posh" 可以輕鬆找到許多教學資料。雖然這不是閱讀本書一定要做的
> 步驟, 但建議您還是替工具做個補強, 操作時多一些資訊總會比較有幫助。

依上述網頁的介紹，在 PowerShell 7 視窗中下
指令一步步安裝各種套件就可以完成美化工作

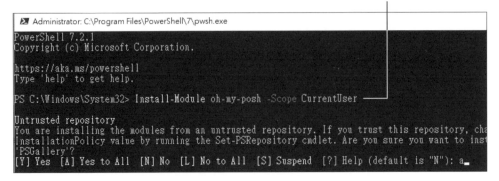

1.3.5 取得 GUI 操作工具

Visual Studio (本書推薦) 跟 VS Code 是眾多開發者愛用的開發環境，
也內建了豐富的 Git 操作選單 (如 1-5 頁所看到的)。

要取得 Visual Studio，請連至以下網址：

● **Visual Studio 下載網址**：http://visualstudio.com

請將滑鼠移至**下載 Visual Studio** 的下拉按鈕上，選擇 Community 版
來下載 (本書是安裝最新版)，接著只需雙按安裝檔，並依預設值進行安裝即
可：

若想一併試試 VS Code (編：非本書操作必要), 可連至以下網址取得：

● **VS Code 下載網址**：https://code.visualstudio.com/

取得 ————
VS Code

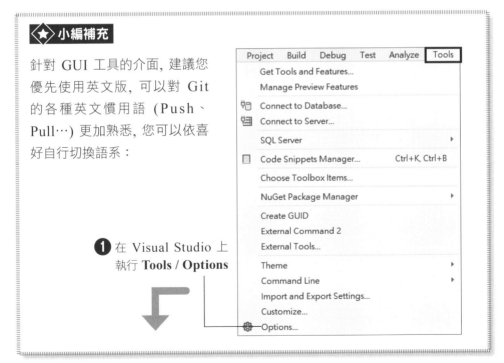

★ 小編補充

針對 GUI 工具的介面, 建議您優先使用英文版, 可以對 Git 的各種英文慣用語 (Push、Pull⋯) 更加熟悉, 您可以依喜好自行切換語系：

❶ 在 Visual Studio 上執行 **Tools / Options**

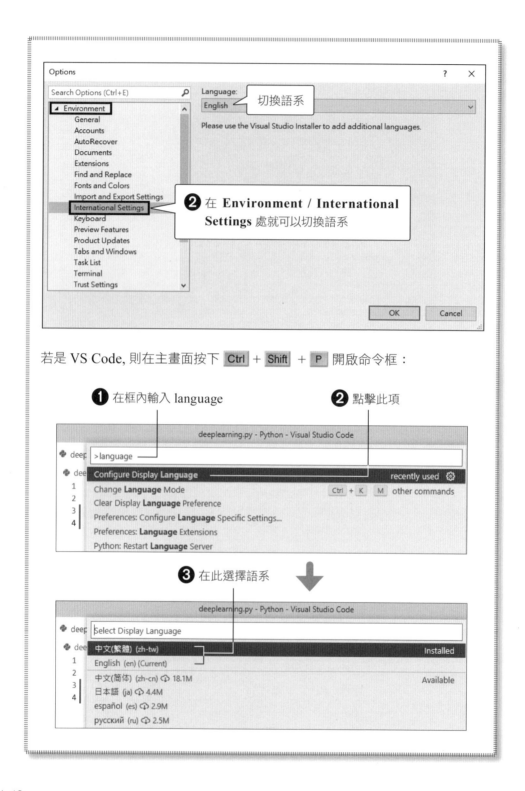

若是 VS Code, 則在主畫面按下 Ctrl + Shift + P 開啟命令框:

❶ 在框內輸入 language
❷ 點擊此項

❸ 在此選擇語系

1.3.6 取得 GitHub Desktop

隨著 GitHub 的盛行, GitHub Desktop 這個純 Git 圖形介面工具也很多人在用, 雖然它不具備程式撰寫環境, 但跟 GitHub 的連動很方便, 也有一些獨到的設計, 也建議您連到底下的網址下載、安裝來用:

● **GitHub Desktop 下載網址**: https://desktop.github.com/

1.4 取得 Git

取得各種操作工具後, 最重要的來了, 我們要在電腦上安裝 Git, 本書無論用哪個版本都可以, 只要從官網安裝最新版即可。

1.4.1 在 Windows 系統安裝 Git

最新的 Windows 版 Git 可從官網取得:

● **Windows 版 Git 下載網址**：https://git-scm.com/download/win

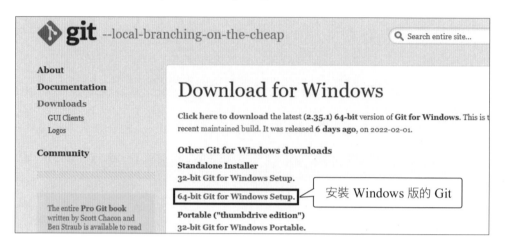

另一種方便的安裝方法就是下載前面所提到的 GitHub Desktop，安裝程式會同時安裝好 Git：

● **GitHub Desktop 下載網址**：https://desktop.github.com/

本書主要的示範環境是 Windows 10，使用的 Git 版本是 2.30.0.windows.1，而介紹的指令、功能適用於任何版本的 Git。

1.4.2 在 Mac 系統安裝 Git

在 Mac 上安裝 Git 也有多種方法，最簡單的方法是從以下網址或 App Store 安裝 **Xcode command line** 工具：

● **Xcode Command Line Tools 下載網址**：https://developer.apple.com/xcode/

你可以試著在終端機中輸入指令來測試 Git，指令如下所示：

執行
```
$ git --version
```

若還沒有安裝，也會提示你進行安裝。

此外，你也可以透過 Git 安裝程式來安裝，Mac 版的 Git 安裝程式可從 Git 網站下載：

● **Mac 版 Git 下載網址**：https://git-scm.com/download/mac

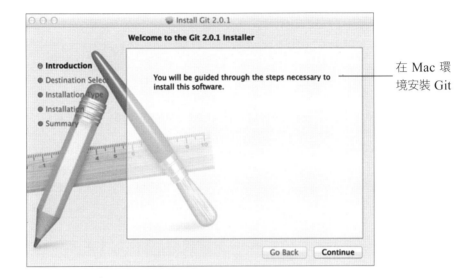

在 Mac 環境安裝 Git

最後，您也可以選擇安裝 GitHub Desktop for macOS，也會一併安裝好 Git：

● **GitHub Desktop for macOS 下載網址**：https://desktop.github.com

1.4.3 在 Linux 系統安裝 Git

如果您慣用的是 Linux 系統，提醒一下，雖然 Git 在所有平台上的操作幾乎都是一樣的，但本書並未在 Linux 系統上完整測試過，因此無法保證完全支援 Linux。如果你想在 Linux 上安裝 Git，可以透過各種套件管理工具來完成。若你使用 Fedora (或任何基於 RPM 的相關發行版本，例如 Red Hat 或 CentOS)，可以使用 dnf 指令：

```
$ sudo dnf install git-all
```

如果使用的是基於 Debian 的發行版本, 例如 Ubuntu, 則用 apt 指令:

執行

```
$ sudo apt install git-all
```

1.4.4 檢查 Git 版本

無論你在哪個系統上安裝好 Git, 你的第一個 Git 指令應該是 **git --version**, 這可以確認 Git 的版本, 請在 command line 工具下執行:

有兩個 -, 跟後面的 version 中間沒有空格 (編: 以後
看到 -- 後面接的指令都不能空一格喔, 先有個印象)

執行

```
$ git --version
```

也就是輸入關鍵字 **git** (大寫亦可), 然後是 **version** (它前面跟著兩個破折號), 會輸出如下:

執行

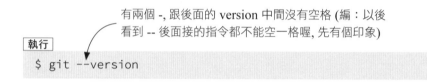

```
$ git --version          顯示您所安裝的版本
git version 2.30.0.windows.2
```

★小編補充 在 Visual Studio 的終端機執行 Git 指令

如同 1-7 頁提到的, 很多開發工具都會提供「終端機」之類的 command line 介面, 像是 Visual Studio 就有, 後續我們雖然會介紹 Visual Studio 上的 Git 選單功能, 但如果您偏好用文字指令, 可以參考下圖開啟終端機功能, 這樣就不用額外準備 Powershell 了:

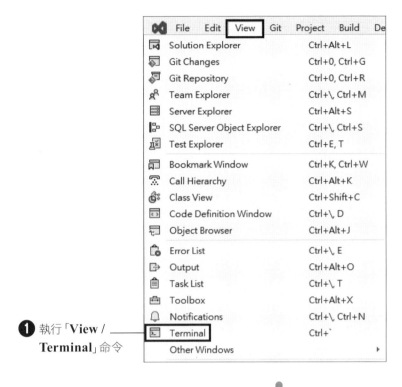

❶ 執行「**View /
Terminal**」命令

❷ 開啟終端機畫面

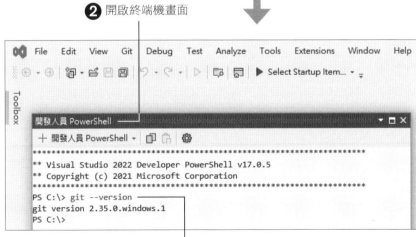

❸ 在裡面就可以執行本書
介紹的各種 Git 指令

小編補充 在 VS Code 的終端機執行 Git 指令

像小編下載下來體驗 Git 功能的 VS Code 開發工具, 主畫面底下也有提供**終端機** (Terminal) 功能頁次:

❶ 在主畫面找到 TERMINAL 頁次 (若沒看到, 只要從上方選單執行「**Terminal / New Terminal**」命令就可以呼叫出來)

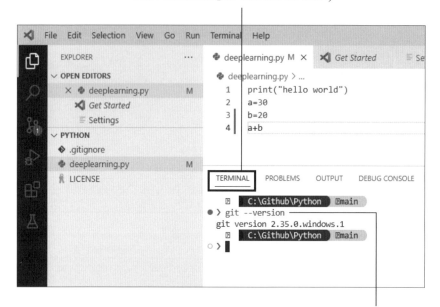

❷ 在裡面就可以執行本書介紹的各種 Git 指令

1.5 完成個人資料設定

正式開始學習 Git 各種功能前, 我們先設好姓名和電子郵件地址。這些都會附加在您之後用 Git 產生的程式記錄點 (Git 稱為 commit, 後述) 上, 在多人共用時, 可以清楚知道某個記錄點是誰建立出來的。

1.5.1 利用 command line 工具進行設定

以 Windows 系統為例, 請開啟 Powershell 後, 輸入以下指令:

執行
```
$ git config --global --edit
```

這會自動開啟文字編輯器 (如 Windows 的記事本) 來編輯 **.gitconfig** 檔案, 請在 **[user]** 區塊加入您的個人資訊, 例如:

```
[user]
name = Jesse Liberty
email = jesseliberty@gmail.com        ── 輸入自己的英文名字和 Email
```

.gitconfig 檔中還有其他項目, 都暫時不用動, 直接儲存並關閉文件就可以了。

1.5.2 在 Visual Studio 進行設定

如果是在 Visual Studio 的話, 可執行「**Tools /Options**」命令, 在 **Git Global Settings** 頁次, 同樣可以編輯上面提到的 **.gitconfig** 設定內容:

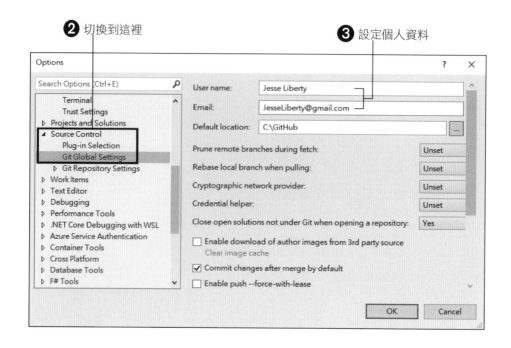

❷ 切換到這裡　　　　　　　❸ 設定個人資料

1.5.3　在 GitHub Desktop 中進行設定

為了利用 GitHub Desktop 與 GitHub 連動, 你需要有一個 GitHub 帳號, 我們將在下一章中介紹。有帳號後, 請執行「**File / Options**」命令, 選擇 **Accounts** 頁次, 然後點擊 **Sign in** 進行登入, 這樣就完成前置準備工作了:

執行此命令 ——

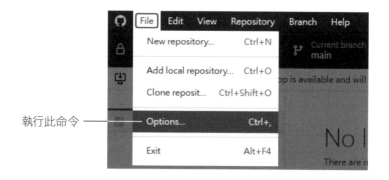

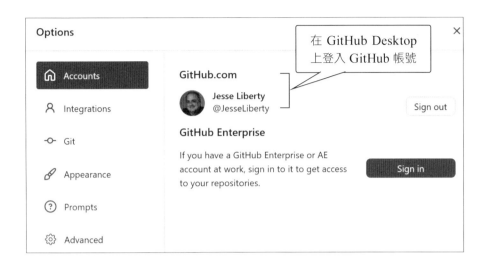

在本章中, 我們簡單說明了版本控制和 Git 的歷史, 並介紹了一些推薦工具, 包括 Visual Studio、VS Code (選用)、GitHub Desktop 以及 PowerShell...等, 這些都可以免費取得。下一章就正式來學 Git 吧!

MEMO

2
Chapter

建立儲存庫 (Repository) 並用 Git 開始管控

本章將介紹如何在 GitHub 上建立帳戶, 並建立你的第一個雲端儲存庫 (Repository), 再接著建立本機儲存庫, 並與 GitHub 雲端儲存庫建立連結。

本章將涵蓋以下內容：

- 建立 GitHub 雲端儲存庫。

- 建立本機端儲存庫。

- 熟悉 git add、git commit 指令。

- 熟悉 git push、git pull 指令。

- 模擬不同開發人員、不同操作工具同步儲存庫的做法。

- commits 的撰寫建議。

2.1 建立 GitHub 雲端儲存庫

儲存庫 (Repository) 簡單說就是放程式的地方, 也常被稱為 **Repo**。將程式存放在儲存庫中, Git 就能夠加以追蹤、管控。

建立儲存庫有多種方法, 本節將介紹先在 GitHub 上建立一個雲端儲存庫, 後續就可以將其複製 (clone) 到硬碟上成為本機端儲存庫。一旦完成這項作業, 之後就可以在自己的電腦上管控自己的儲存庫, 而若需要多人協同作業時, 各開發人員只要將自己本機端的儲存庫與同一個 GitHub 公用儲存庫同步後, 之後所有開發人員可以再透過雲端儲存庫同步取得最新內容了。

> **★編註** 對本機端的電腦來說, 儲存庫跟一般的資料夾有什麼差別呢？簡單的說, 如果您想要利用 Git 管控電腦上某個資料夾內的程式碼, 第一步就是要將該資料夾設為 Git 儲存庫 (方式後述), 這樣 Git 才會去管控它, 任何增、刪、修改都會留下記錄。其餘沒有設為儲存庫的, 就只是尋常的資料夾而已。

> **★編註** 很多 Git 書會先帶你在電腦上單機學 Git、建立本機儲存庫, 最後再介紹 GitHub, 這不是不行, 但 GitHub 是開發者一定要好好熟悉的, 甚至已經被視為重要的線上個人履歷, 因此本書作者一開頭就帶你從 GitHub 接觸起, 這絕對是好的學習路線。若您想純單機使用就好, 2-22 頁也會教怎麼做。

第一步是到 GitHub 上註冊, 請連到 http://github.com, 點 **Sign Up**, 填寫你的帳號名稱和電子郵件, 然後點擊 **Create Account**。

填寫網站上的問卷調查後, 依照指示點擊 **Continue** 會顯示下圖, 請點擊 **Create a repository**：

從 GitHub 建立儲存庫

　　如果您早就有 GitHub 帳號, 請登錄後, 點擊右上角的大加號圖示, 再點擊 **New repository** 即可 :

　　接著會來到 **Create A New Repository** 建立儲存庫的頁面。第一項工作是為您的新儲存庫命名, 本章將使用 **ProGitForProgrammers** 這個名稱 (下圖 ❶)。接著就是填寫各個表單欄位 :

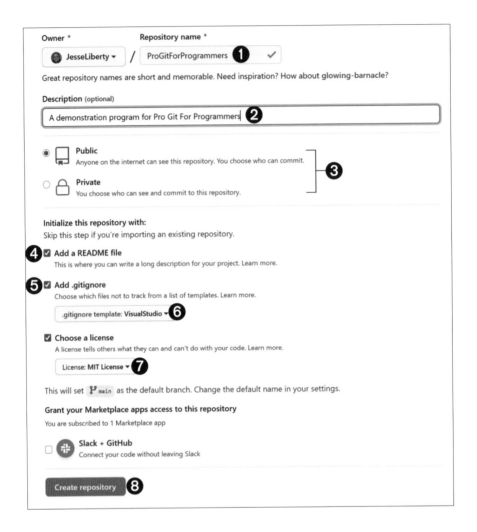

❷ 輸入專案的簡短描述。

❸ 接下來非常重要，您要選擇此儲存庫是**公開**的 (Public, 任何人都可以看到) 還是**私有**的 (Private, 只有你邀請的人可以看到)，本書您想設成公開或私有都可以 (以企業內部共同開發專案來說，設成私有會比較適合)。此設定之後到 GitHub 儲存庫的「**Settings / Danger Zone / Change repository visibility**」都可以做修改。

此外，若您將儲存庫設為私有，僅想讓某些人看到，可以到 GitHub 儲存庫的「**Settings / Collaborators**」輸入其他 GitHub 帳號來發出邀請。

❹ 作者建議勾選 **Add a README file**, 這是其他人訪問你的儲存庫時他們會看到的簡述, 您可以隨時用 Markdown 語法來編輯該文件。

❺ 勾選**新增 .gitignore 文件**, 這會告訴 Git 在管控時要忽略哪些檔案, 這主要是用來排除不需要加入版控的檔案, 本書不會用到。

❻ 接著要選擇 .gitignore 的範本, 對本書來說這不是太重要, 選定您實作的主要程式語言即可, 本書主要是用 C#, 這裡就選擇 Visual Studio。

❼ 如果你的儲存庫設為公開 (Public), 請為程式碼選擇一個授權條款, 這裡作者選擇了 MIT 授權條款, 你可在 https://opensource.org/licenses/MIT 了解此授權條款的更多資訊。

差不多完成了！最後點擊 **Create repository** ❽。完成後, 會顯示儲存庫的主頁：

若將儲存庫設為公開, 網址就會是 http://github.com/(您的帳號名稱)/ProGitForProgrammers

儲存庫的初始畫面

這裡顯示的是 README.md 的內容

目前儲存庫當中就只有剛才勾取建立的三個檔案

2.2 建立本機儲存庫

現在, 這個儲存庫只存在 GitHub 伺服器上, 我們要在本機端 (你的電腦) 也建立一個儲存庫 (稱為**本機儲存庫**), 並與雲端上的儲存庫同步, 這樣爾後在本機端編輯程式後, 就可以將內容同步上 GitHub。

想要建立與 GitHub 同步的本機儲存庫, 最快的做法是把 GitHub 儲存庫 clone (複製) 下來, 我們會一一示範如何用 Git 指令和 GUI 工具來做。

2.2.1 建立第一個本機儲存庫

複製線上儲存庫回電腦很簡單, 我們先演練文字指令的方式, 請打開 PowerShell 等工具 (或者 Visual Studio、VS Code 的終端機畫面), 切換到想存放的儲存庫路徑, (本例為 C:\GitHub\CommandLine), 然後下 **git clone** 指令就行了:

> 這些資料夾是自己先建立的

```
git clone (GitHub上的儲存庫網址)
```

首先要知道 GitHub.com 上面的儲存庫路徑, 請在 GitHub.com 上的儲存庫中, 找到右上角標記為 **Code** 的綠色按鈕 [Code ▾]。點該按鈕, 會顯示一個小對話框。請點擊 **HTTPS**, 點擊後面的剪貼簿圖示將路徑複製下來:

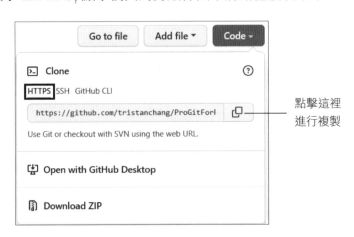

點擊這裡進行複製

回到 command line 工具視窗, 先輸入 **git clone**, 空一格後, 將複製的路徑貼在後頭, 完整指令如下:

> git clone https://github.com/<您的用戶名稱>/<儲存庫名稱>.git

接著應該可以看到下圖的執行結果:

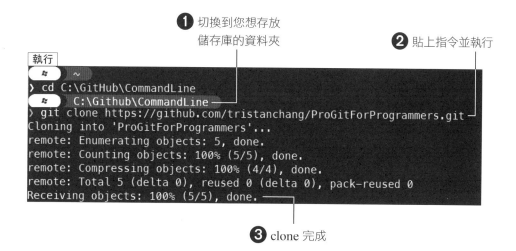

❶ 切換到您想存放
儲存庫的資料夾

❷ 貼上指令並執行

❸ clone 完成

這樣就 clone 完成了, 切換至本機儲存庫的路徑 (此例為 C:\Github\CommandLine\ProGitForProgrammers), 會看到與雲端儲存庫相同的內容:

本機端儲存庫的檔案

每一個本機儲存庫都會有一個 .git 隱藏資料
夾, 這就是 Git 管控這個儲存庫的「祕密武器」

點擊這裡
通過驗證

2.2.2 建立另一個本機儲存庫

　　接著請跟著我們建立第二個本機端儲存庫，藉此熟悉 GUI 工具上的
clone 操作 (當然，您要維持用 command line 工具操作也行)。請建立另一個
資料夾 (本例為 C:\Github\VisualStudio)，我們來透過 clone 的操作也將它
設成本機儲存庫。

★ 編註 提醒一下，這裡準備建立的 C:\Github\VisualStudio 儲存庫跟前一
個「CommandLine」儲存庫會是不同的本機儲存庫喔！我們可以在電腦上建
立多個本機儲存庫，各自與不同的 GitHub 儲存庫做同步。不過在本章中，作者
打算讓所有本地儲存庫都與同一個 GitHub 儲存庫同步，這樣的做法您可以想
像這個 GitHub「公用」儲存庫是由多位專案成員共同維護，成員們平時都在自
己的本機儲存庫開發，有需要時會各自開發的內容同步上 GitHub。工具妙用無
窮，想怎麼用是很彈性的。

　　來示範 Visual Studio 上怎麼做 (編：大部分 GUI 工具都大同小異)。首先執行「**File / Clone Repository**」命令, 會看到下圖的畫面, 分別指定雲端及本機端儲存庫的位置後再點 **Clone** 即可：

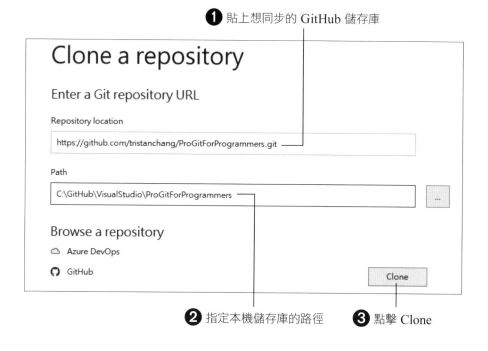

❶ 貼上想同步的 GitHub 儲存庫

❷ 指定本機儲存庫的路徑　❸ 點擊 Clone

　　幾秒鐘後, 儲存庫的內容就會顯示在程式編輯器的畫面。以 Visual Studio 為例, 會顯示在最右側的 **Solution Explorer** 區域中：

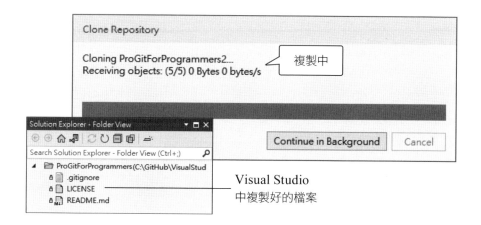

Visual Studio
中複製好的檔案

2.2.3 建立其他本機儲存庫 非必要步驟

最後我們也看一下 GitHub Desktop 工具上的 clone 操作。提醒一下，**底下的步驟您不一定要執行**，前面我們已經建好兩個本機儲存庫，這樣就夠後續與 GitHub 儲存庫的同步演練了。

GitHub Desktop 的 clone 功能在 GitHub 網站就有提供，連到 GitHub 網站後，點擊 **Code**，找到 **Open with GitHub Desktop** 選項：

點這個選項會打開一個對話框，唯一需要填入的就是本機存放路徑：

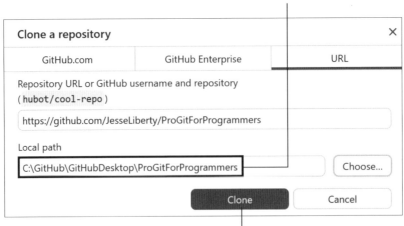

完成前面的練習後, 不論您習慣使用何種工具, 現在請確認電腦上至少存了 2 份儲存庫的副本, 也就是兩個本機儲存庫 (以作者的操作為例, 分別是 CommandLine、VisualStudio 本機儲存庫), 如前所述這可以代表多個開發人員對同一個專案進行開發, 之後我們會介紹不同本機儲存庫如何各自將所做的異動與 GitHub 雲端儲存庫同步。

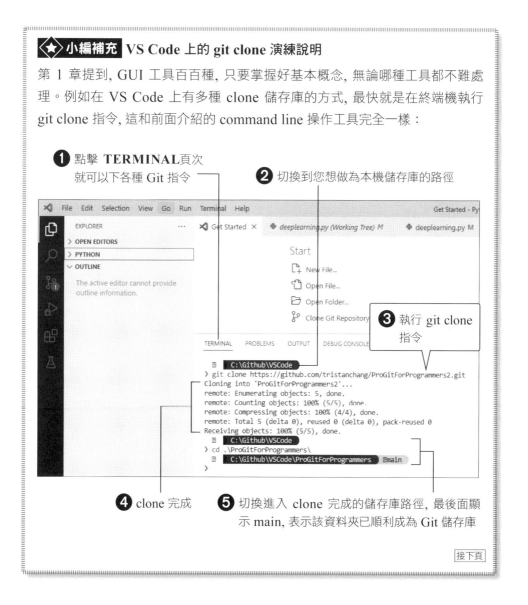

◆★小編補充 VS Code 上的 **git clone** 演練說明

第 1 章提到, GUI 工具百百種, 只要掌握好基本概念, 無論哪種工具都不難處理。例如在 VS Code 上有多種 clone 儲存庫的方式, 最快就是在終端機執行 git clone 指令, 這和前面介紹的 command line 操作工具完全一樣:

❶ 點擊 **TERMINAL**頁次
就可以下各種 Git 指令

❷ 切換到您想做為本機儲存庫的路徑

❸ 執行 git clone 指令

❹ clone 完成

❺ 切換進入 clone 完成的儲存庫路徑, 最後面顯示 main, 表示該資料夾已順利成為 Git 儲存庫

接下頁

當然, VS Code 對 Git 的支援相當完整, 例如在主畫面也提供 clone 儲存庫的功能:

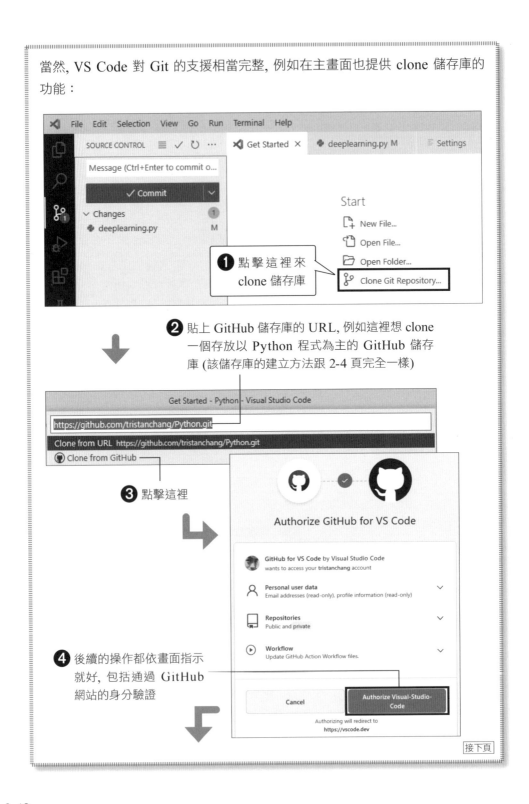

❶ 點擊這裡來 clone 儲存庫

❷ 貼上 GitHub 儲存庫的 URL, 例如這裡想 clone 一個存放以 Python 程式為主的 GitHub 儲存庫 (該儲存庫的建立方法跟 2-4 頁完全一樣)

❸ 點擊這裡

❹ 後續的操作都依畫面指示就好, 包括通過 GitHub 網站的身分驗證

接下頁

❺ 過程中會需要指定 Python 儲存庫的
存放路徑 (例如 C:\Github\Python)

❻ 最後靜待 clone 完成即可

❼ 可在 **EXPLORER**
(檔案總管) 查看 C:\
Github\Python 這
個儲存庫的內容

接下頁

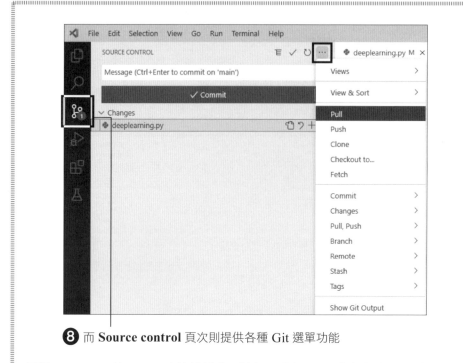

8 而 **Source control** 頁次則提供各種 Git 選單功能

針對 VS Code 的 clone 演練就補充到這裡, 重申一下, 作者在本書後續的 GUI 工具主要是 Visual Studio 為主, 而若您跟小編一樣平常慣用 VS Code 開發工具, 也不用擔心跟本書銜接不上, 只要開啟終端機來下 Git 指令就可以演練各章節的內容。

2.3 在任一本機儲存庫建立程式, 開始用 Git 管控

一路操作下來, 目前我們電腦上至少有兩個本機儲存庫, 挑其中一個來存放程式, 好利用 Git 來做版本控制吧！例如作者先從第一個建立的「CommandLine」儲存庫開始, 以慣用的開發工具在 C:\CommandLine\ProGitForProgrammers 資料夾中建立程式 (編：目前這個資料夾就是一個 Git 儲存庫, 等一下會教您如何快速分辨是不是處在 Git 儲存庫內)：

2.3.1 在本機儲存庫新增程式

❶ 以您慣用的開發工具建立新增一個
程式專案 (此例是用 Visual Studio)

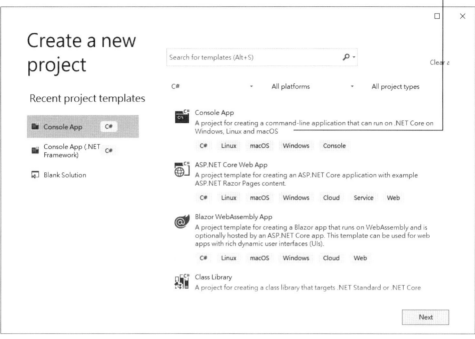

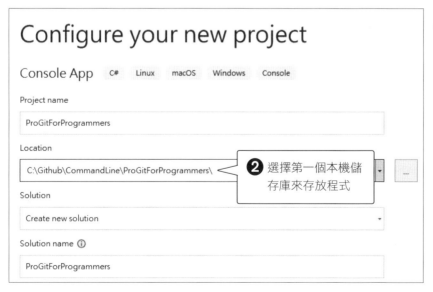

❷ 選擇第一個本機儲
存庫來存放程式

新增好程式後，現在這個本機儲存庫應該會有三個 Git 原始檔案和您的程式內容：

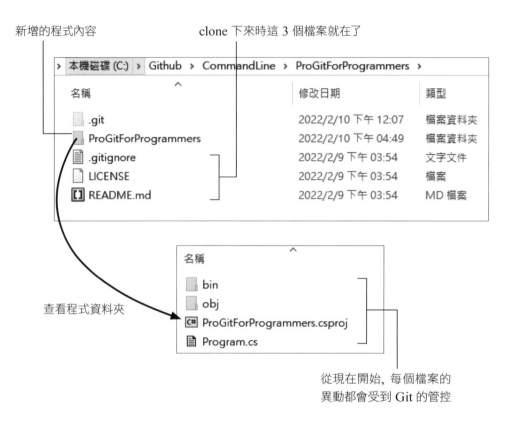

新增的程式內容

clone 下來時這 3 個檔案就在了

本機磁碟 (C:) › Github › CommandLine › ProGitForProgrammers ›

名稱	修改日期	類型
.git	2022/2/10 下午 12:07	檔案資料夾
ProGitForProgrammers	2022/2/10 下午 04:49	檔案資料夾
.gitignore	2022/2/9 下午 03:54	文字文件
LICENSE	2022/2/9 下午 03:54	檔案
README.md	2022/2/9 下午 03:54	MD 檔案

查看程式資料夾

名稱
bin
obj
ProGitForProgrammers.csproj
Program.cs

從現在開始，每個檔案的異動都會受到 Git 的管控

★ 編註 提醒一下，在新增程式時，除了跟著作者用 Visual Studio 來建立外，用任何您慣用的開發工具都可以。您可以用 VS Code、Atom...等程式編輯器來寫 code，程式內容可以是任何程式語言 (例如 Python、JavaScript)，甚至只是弄個 txt 純文字檔也行，唯一要確定的是**存檔時程式檔案要放在本機儲存庫裡面**，這樣才會受到 Git 的管控喔！

接下頁

建什麼程式 (如 Python) 都可以, 不影響 Git 的管控

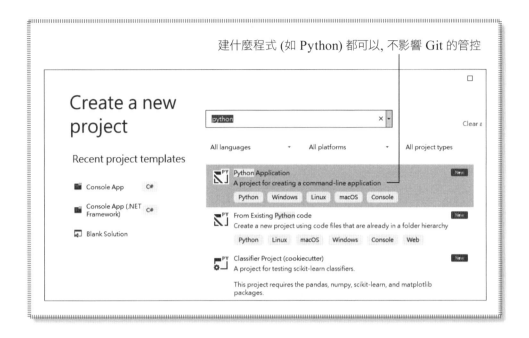

2.3.2 確認本機儲存庫正常運作

在本機儲存庫備妥程式檔案後, 我們先來看如何用 Git 文字指令開始做管控。首先啟動 Powershell, 切換到本機儲存庫所在路徑:

切換到儲存庫路徑

切換好了

由於第 1 章我們替 Powershell 安裝了 Oh my gosh 佈景主題, 因此在上圖中, 可以從路徑後面的區塊簡單知道儲存庫目前是在哪個分支 (branch, 後來會慢慢介紹), 例如上圖是顯示 main 主分支。如果當下的路徑不是在儲存庫的路徑或其內部的子資料夾內, 則不會顯示最後面的 main (編:簡單說只有在 Git 儲存庫的路徑下才會顯示 main, 一般資料夾則不會, 由此可輕鬆了解目前有沒有 Git 在幫我們做版本控制)。

2.3.3　git status：查看狀態

先讓我們查看這個本機儲存庫的狀態, 用的是 git status：

git status

會看到類似下圖的資訊：

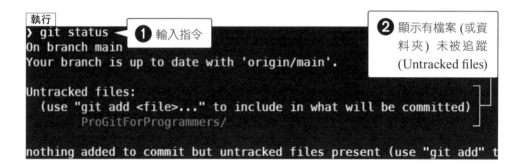

上圖告訴我們目前是在**主 (main) 分支**上, main 也是目前唯一的分支
(編註：分支簡單說就是程式的副本, 然後就可以在這新功能分支上開發, 不
會影響主分支的程式, 第 3 章會詳細介紹)。目前 main 分支上有一個 "未追
蹤的檔案或資料夾 (Untracked files), 表示這個資料夾雖然在儲存庫當中, 但
Git 對它們一無所知, 要做一些事 Git 才會正式記錄裡頭任何的異動。

2.3.4　git add：把檔案介紹給 Git

讓我們解決這個問題, 用 **git add** 告訴 Git 請正式追蹤它 (編：嚴謹來
說, add 指令是把檔案的狀態存入 staging area 整備區, 第 3 章會介紹, 這裡
先用白話一點的方式來認識指令的用途就好)：

git add 資料夾或檔案的路徑

請輸入下面指令：

```
git add ProGitForProgrammers/
```

2.3.5 git commit：正式提交

接著輸入以下指令，正式提交 (commit) 資料夾的內容到本機儲存庫 (編：送出 commit 的意思，就是把當下的程式內容做成一個記錄點，也就是當下的版本，日後若有需要就可以回溯取用)：

```
git commit -m "此 commit 的說明訊息"
```

每一個 commit 都一定要輸入一個訊息，提示這個 commit 的用途 (若沒有輸入，Git 會跳出提示)。從上一行指令可以看到，加入 -m 參數就可以輸入訊息：

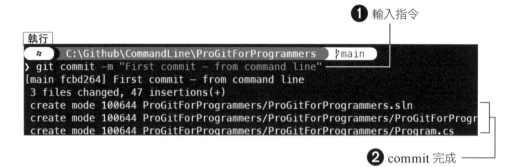

① 輸入指令

② commit 完成

注意一下, 上面的操作分成 add + commit 兩步驟, add 也可視為先加到暫存區 (Git 稱為索引) 的概念, 要再 commit 才算正式記錄到儲存庫喔!

⭐ 編註 **重要!想回復 commit 完成的記錄點 (版本)**

以上是本書送出的第一個 commit, 用 Git 我們就可以頻繁送出這樣的 commit 記錄點, 確保意外發生時可以善用這些記錄點來回復內容, 針對如何回復可以參考 12.7 節的說明。

小編強烈建議您現在就先去 12.7 節把回復的招式學起來 (不用看過中間的章節就可以學會), 因為後續演練各章功能時, 往往會需要您在儲存庫修修改改, 學 Git 一開始通常不太熟, 很容易就把儲存庫弄的很混亂 (通常很混亂時就不得不重新建一個, 超花時間...), 但只要您事先知道如何回復, 之後任何功能都可以放心勇敢去試!

2.3.6 git push：與遠端的 GitHub 儲存庫進行同步

目前為止這所有的一切都是在本機端的電腦上發生的, 而這個本機儲存庫的來源 - 也就是網路上那個 GitHub 儲存庫並不知道, 若前所述我們想讓兩者同步, 就需要將 commit 推送 (push) 至 GitHub：

```
git push
```

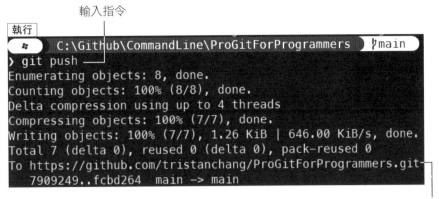

輸入指令

執行

推送至 Github.com

現在如果你回到 GitHub 網站並刷新網頁, 會看到剛才在電腦上所新增的程式內容：

tristanchang First commit – from command line	520e8bf 2 days ago	2 commits
ProGitForProgrammers	First commit – from command line	2 days ago
.gitignore	Initial commit	7 days ago
LICENSE	Initial commit	7 days ago
README.md	Initial commit	7 days ago

提交後, 程式專案出現在 GitHub 上,
可點擊進去查看內容

請看到下圖, 左上角告訴你目前在 main 分支上 ❶, 旁邊則是程式檔的路徑 ❷, 下面是本機儲存庫在 commit 時輸入的訊息 ❸, 也可以查看檔案本身的內容 ❹：

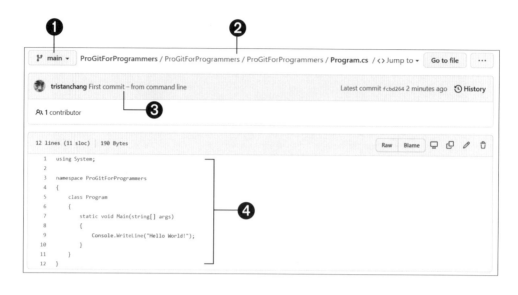

我可以不用 **GitHub**, 純在本機端建立儲存庫來管控程式就好嗎?

當然可以!方法也很簡單, 利用 git init 指令就好:

git init ← 初始化儲存庫

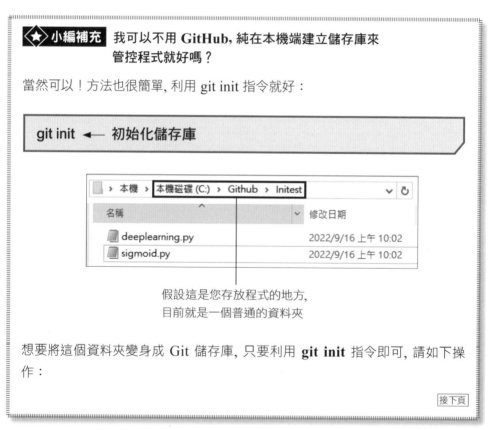

假設這是您存放程式的地方,
目前就是一個普通的資料夾

想要將這個資料夾變身成 Git 儲存庫, 只要利用 **git init** 指令即可, 請如下操作:

接下頁

❶ 切換到程式存放的資料夾

執行
```
C:\
> cd c:\github\initest
      C:\Github\Initest
> git status
fatal: not a git repository (or any of the parent directories): .git
```

❷ 執行 2-18 頁的 git status 查看狀態

❸ 告訴我們這個資料夾並不是儲存庫

❹ 請接著執行 git init 指令

❺ 初始化完成

執行
```
      C:\Github\Initest
> git init
Initialized empty Git repository in C:/Github/Initest/.git/
      C:\Github\Initest    ⅄master
> git status
On branch master

No commits yet

Untracked files:
  (use "git add <file>..." to include in what will be committed)
        deeplearning.py
        sigmoid.py

nothing added to commit but untracked files present (use "git add" to track)
```

❻ 再查看一下狀態

❼ 就跟之前看到的一樣, Git 已經開始管控這個資料夾 (此時就是一個儲存庫了)

回頭看看資料夾有什麼變化呢？

本機 > 本機磁碟 (C:) > Github > Initest	✓ ↻
名稱 ^	修改日期
.git	2022/9/16 上午 10:39
deeplearning.py	2022/9/16 上午 10:02
sigmoid.py	2022/9/16 上午 10:02

多了一個 .git 隱藏目錄, 正是這個「祕密武器」在背後幫我們做程式的版本控制

接下頁

如果您只是單人開發純本機使用, 在利用 git commit 記錄各個程式版本後, 依經驗最常會用到的應該是 12.7 節所介紹的回復版本功能, 有需要可以參考該節的說明。

此外, 若您之後改變主意了, 也想將這個本機儲存庫與 GitHub 上的某個雲端儲存庫同步, 做法也很簡單, 利用 7.1 節介紹的鏡像 (mirror) 技巧將本機儲存庫上傳到 GitHub 上, 之後就可以進行同步了。

2.4 從其他本機儲存庫 pull 異動

當任何一個本機儲存庫將有異動的 commit 推送到 GitHub 伺服器後, 其他也有 clone 雲端儲存庫回自己電腦的開發人員就可以將此異動拉回 (pull) 自己的本機儲存庫以保持同步。

2.4.1 從另一個本機儲存庫拉取異動

2.2 節我們請讀者至少在電腦上備妥兩個本機儲存庫, 2.3 節已經在其中一個操作完並執行 push, 接著輪到另一個儲存庫操作 pull 了。拉取異動的方法很簡單, 在本機儲存庫執行 **git pull** 指令即可:

```
git pull
```

可以利用文字指令執行, 若是 GUI 工具, 請在主選單畫面找到 pull 功能 (例如作者的第二個本機儲存庫是用 Visual Studio 建立的, 就在工具內執行「**Git / Pull**」命令), 執行後就會從 GitHub 拉取程式碼進行同步了:

點擊後就可以將異動
pull 回本機端儲存庫

　　接著您可以去執行 pull 的這個本機儲存庫資料夾內查看，應該就會看到
2.3 節第一個本機儲存庫所 push 上去的異動了 (新增了程式檔)。

GitHub Desktop 的 pull 方法

如果您的第二個本機儲存庫是用 GitHub Desktop 建立的，當開啟主畫面時，就
會提示雲端的儲存庫中發生了一些變動，並提供 Pull origin 的按鈕方便一鍵更
新本機儲存庫，非常方便：

若偵測到異動就會看到此按鈕，點擊後
就可以將異動 pull 回電腦上的儲存庫

小結

以上利用兩個本機儲存庫所演練的, 就是 Git 最核心的流程, 包括:

- 編輯程式檔, 儲存至本機儲存庫, 最後完成 add + commit 的操作。

- 將異動後的檔案 push 至遠端儲存庫。

- pull 任何 GitHub 儲存庫有、但本機儲存庫沒有的檔案。

接下來 2.5 節我們再來演練一次, 確保您足夠熟悉上述流程。

2.5 push mine, pull yours 的操作演練

我們繼續用 2.2 節請您建立好的兩個本機儲存庫做「修改程式 → 送出 commit → push 自己所做的變更 → pull 其他開發人員所做的變更」的演練。本節我們反過來從第二個儲存庫開始做程式的異動。

2.5.1 編輯程式, 送出新程式版本的 commit

首先請自行編輯第二個儲存庫當中的程式, 例如作者在儲存庫內的 Program.cs 新增一行程式 (讀者可以自行在任何檔案做任何修改):

```
namespace ProGitForProgrammers
{
    class Program
    {
        static void Main (string[] args)
        {
            Console.WriteLine ("Hello World!");
            Console.WriteLine ("I just added this in Visual Studio");
        }                                           ↑
    }                                          新增這行
}
```

　　做了變更後, 2.3 節我們學到了如何用 command line 工具切換到該儲存庫的路徑, 然後下 add、commit 指令來送出 commit, 這裡您可以試著操作一遍。不過由於本例第二個儲存庫作者是用 Visual Studio clone 下來的, 因此就以 GUI 介面來操作。以 Visual Studio 為例, 在選單中執行「 **Git / Commit or Stash**」命令, 在畫面右側會開啟 **Git Changes** 視窗, 在此留下 commit 的說明 (一定要填), 並按 **Commit All**：

開啟 Visual Studio 中的 Git Changes 視窗

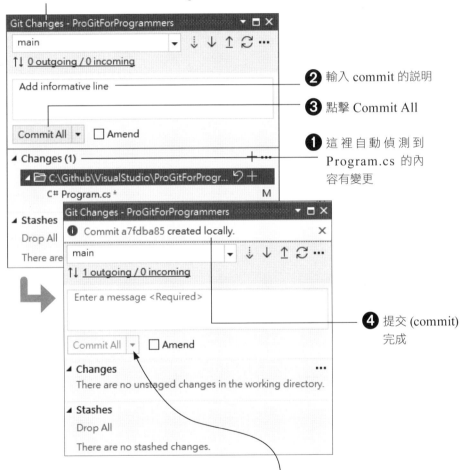

❷ 輸入 commit 的說明

❸ 點擊 Commit All

❶ 這裡自動偵測到 Program.cs 的內容有變更

❹ 提交 (commit) 完成

　　點擊上圖 **Commit All** 選單右側的箭頭 ⏷, 還可以看到 **commit and push** 等更便捷的功能, 不過剛開始學我們還是一步一步來, 分階段 (先 commit 再 push) 比較有印象。

2.5.2 將儲存庫的程式異動 push 到 GitHub

現在, 第二個本機儲存庫已經做了程式異動, 也提交最新的 commit, 但雲端的 GitHub 儲存庫還不知道變更 (你可以到 GitHub 網站查看 Program. cs, 應該還沒有新增那一行程式)。其他開發人員的本機儲存庫也同樣不知道變更, 因此首先第二個本機儲存庫要先將變更 push 到 GitHub 伺服器, 然後其他人才能透過伺服器將變動 pull 回自己電腦上的儲存庫。

確認一下剛才操作完的 Git 視窗, 有顯示一些資訊, 如下圖, commit 是在本機端 (locally) 被建立的 ❶, ❷ 的地方則提示了有 1 個 commit 要推送至 GitHub 伺服器 (outgoing), 0 個 commit 要取回來 (incoming)：

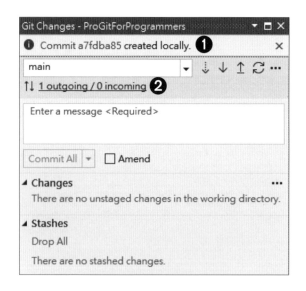

在上圖的右上角找到向上箭頭 ⬆, 將滑鼠停駐在上面, 會顯示 **Push**。點擊該按鈕後, 這一個 commit 就會被 push 到伺服器, 完成後會顯示一個成功訊息：

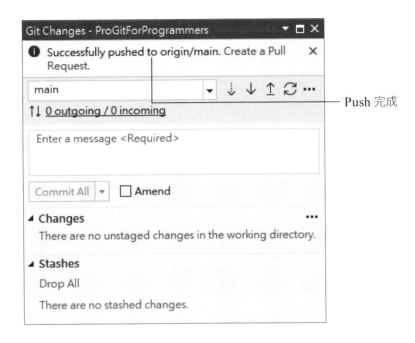

最後在 Git Changes 視窗中點擊 **0 outgoing / 0 incoming**, 或者在 Visual Studio 選單區執行「**Git / View Branch History**」, 可以查看 commit 的歷史紀錄。查看 commits 歷史、檢視過往留下的 commits 是 Git 最常見的操作之一, 對應的是 **git log** 指令, 後續我們會常用到:

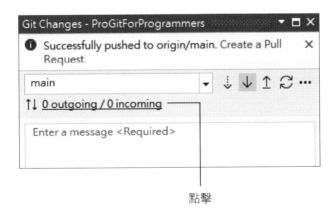

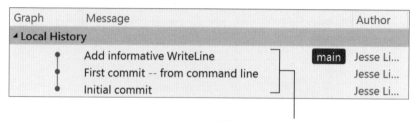

commits 的歷史紀錄 (含其他共享者所 commit 的內容)

上圖中, 每個點就表示一次 commit, 也就是一個記錄點、一個版本。點的右邊就是 commit 的訊息, 有意義的 commit 訊息跟程式的註解一樣, 要寫得一目瞭然不容易, 但寫的好 其他開發人員會非常感謝您。此外, 上圖也看到還有一個 main 指標指到你最後一次的 commit 紀錄。

如果你在 GitHub 網站上檢查 (記得刷新網頁), 應該可以在 Program.cs 看到最近新增的那行程式。

2.5.3 回到第一個本機儲存庫 pull 變更

現在第二個本機儲存庫已經做了變更, 而第一個本機儲存庫對這些變更一無所知 (即使它已經跟 GitHub 設好連動了)。

第一個儲存庫我們回到熟悉的 command line 工具上, 我們用它來執行 pull 功能。首先切換到第一個本機儲存庫的路徑 (編:可以先查看一下程式, 本例是 Program.cs, 應該會發現新增的一行程式目前還不在檔案內), 輸入 **git pull**, 就可以將變更從伺服器上拉回到第一個本機儲存庫。

結果應該會如下圖:

執行 pull 指令

Git 告訴你它格式化和壓縮了檔案 ❶, 並將它們傳送到你的儲存庫 ❷。在底部的資訊說明使用了 Fast-forward 來做合併 ❸ (先不用理會, 第 4 章會說明這是什麼意思)。

現在可查看第一個本機儲存庫內的程式 (此例為 Program.cs), 新加入的那一行程式應該已經顯示在裡頭了。

再一次, 目前 2 個本機儲存庫都與 GitHub 雲端儲存庫同步了。

★ 小編補充　我能不能統一用同一個工具操作多個本機儲存庫？

當然可以！2.3~2.5 節這兩次演練, 作者是以不同的工具來操作不同的本機儲存庫, 當然若您只想用同一個工具來操作不同本機儲存庫也是沒問題的！如同前面的說明, 我們知道其實本機儲存庫跟一般資料夾的差別就是裡頭多了一個「.git」隱藏資料夾負責做 Git 的管控, 因此如果您在任一工具中開啟 (切換) 到含有「.git」隱藏資料夾的那個路徑, 就可以操作該儲存庫了。不過在操作時要留意目前操作的是哪一個本機儲存庫喔！例如 Visual Studio 上新增本機儲存庫跟切換儲存庫的方法如下：

接下頁

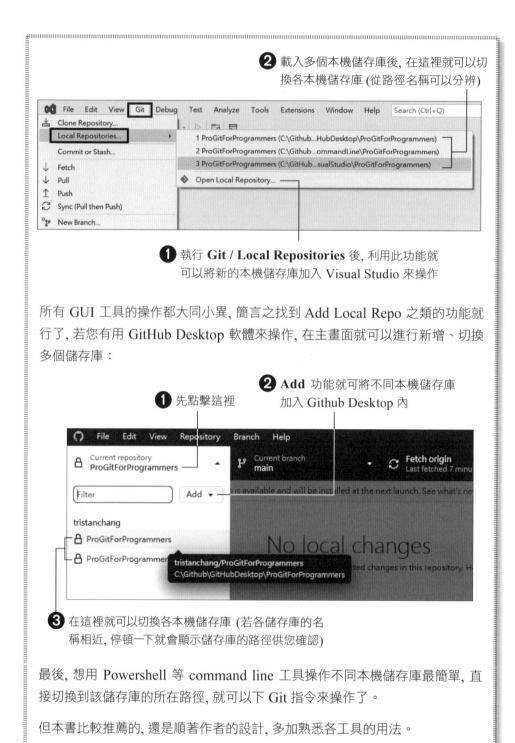

❷ 載入多個本機儲存庫後，在這裡就可以切
換各本機儲存庫 (從路徑名稱可以分辨)

❶ 執行 **Git / Local Repositories** 後，利用此功能就
可以將新的本機儲存庫加入 Visual Studio 來操作

所有 GUI 工具的操作都大同小異，簡言之找到 Add Local Repo 之類的功能就
行了，若您有用 GitHub Desktop 軟體來操作，在主畫面就可以進行新增、切換
多個儲存庫：

❶ 先點擊這裡

❷ **Add** 功能就可將不同本機儲存庫
加入 Github Desktop 內

❸ 在這裡就可以切換各本機儲存庫 (若各儲存庫的名
稱相近，停頓一下就會顯示儲存庫的路徑供您確認)

最後，想用 Powershell 等 command line 工具操作不同本機儲存庫最簡單，直
接切換到該儲存庫的所在路徑，就可以下 Git 指令來操作了。

但本書比較推薦的，還是順著作者的設計，多加熟悉各工具的用法。

2.6　commit 的相關建議

■ 需多久 commit 一次？

　　有些人覺得 commit 應該是以一個任務、或修復一個 bug 為單位，按照這個原則，如果在開發中途離開，則不應該送出 commit，而應該把修改的東西存到 stach (暫存區，第 3 章會介紹)，之後回頭作業後，再送出 commit。

　　針對這點作者的意見稍微不一樣，作者認為你應該經常 commit。因為每一次的 commit 都可視為對專案建立一個記錄點 (版本)，做了保護，若覺得半途 commit 不是太完整，又有點擾人，第 6 章會介紹一個 interactive rebase 功能，可讓你將提交「壓縮」，意思是如果正在開發一個功能，在完成前做了 5 次 commit，你可以只用一條訊息將這些提交壓縮成單一次提交，也就是說透過大量的 commit 保護臨時工作，但最終來看只會給伺服器一個 commt (而不是 5 個)，這就做到了兩全其美。

■ 提供清楚的 commit 說明

　　專案過程可能有些人會負責審查程式，通常可以先快速查看 commit 清單，然後深入研究當中看起來重要的 commit，因此 commit 的訊息對於專案成員 (包括你) 都非常重要，應該要能清楚這個 commit 的確切內容：

```
Fixing some files          // bad
Fixed WriteLine in helloworld.cs    // good
```

■ 若 commit 的說明訊息很多

　　commit 的說明中英文都可以, 若用英文應該控制在 50 個字以內, 使用 Powershell 時, 若覺得字太多、單行不太好編輯 (GUI 工具上可以輕鬆斷行編輯, 不會有這個問題), 輸入 git commit 指令時請不要加上 -m, 單執行 git commit 指令 Git 就會開啟預設的文字編輯器, 你可在裡面新增相關訊息:

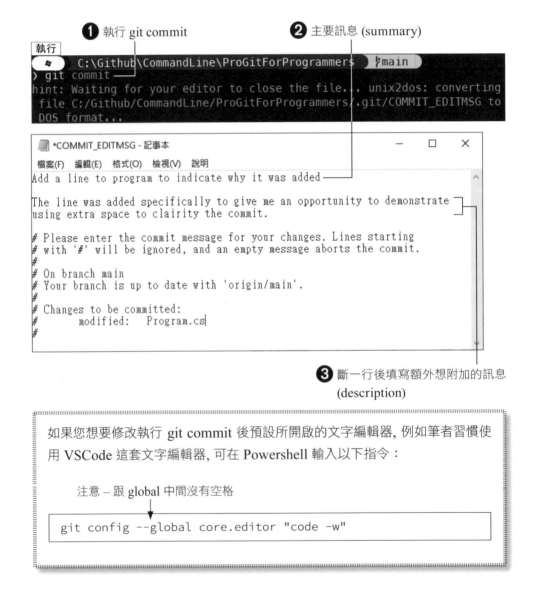

❶ 執行 git commit

❷ 主要訊息 (summary)

```
執行
     C:\Github\CommandLine\ProGitForProgrammers$    ⸸main
> git commit
hint: Waiting for your editor to close the file... unix2dos: converting
file C:/Github/CommandLine/ProGitForProgrammers/.git/COMMIT_EDITMSG to
DOS format...
```

```
*COMMIT_EDITMSG - 記事本                                    —    □    ×
檔案(F)  編輯(E)  格式(O)  檢視(V)  說明
Add a line to program to indicate why it was added

The line was added specifically to give me an opportunity to demonstrate
using extra space to clairity the commit.

# Please enter the commit message for your changes. Lines starting
# with '#' will be ignored, and an empty message aborts the commit.
#
# On branch main
# Your branch is up to date with 'origin/main'.
#
# Changes to be committed:
#       modified:   Program.cs
#
```

❸ 斷一行後填寫額外想附加的訊息 (description)

　　如果您想要修改執行 git commit 後預設所開啟的文字編輯器, 例如筆者習慣使用 VSCode 這套文字編輯器, 可在 Powershell 輸入以下指令:

　　注意 – 跟 global 中間沒有空格

```
git config --global core.editor "code -w"
```

之後程式有異動時, 先 add 完再輸入 git commit 時, 就會開啟 VS Code 來編輯 commit 說明了 :

用 VS Code 編輯 commit 訊息

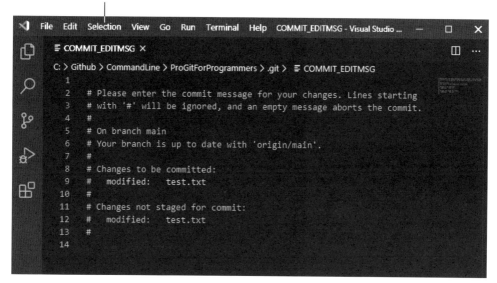

■ 經常查看 commit 的歷程

2-29 頁我們看到 GUI 工具查看 commits 歷程的方法, 它所對應的是 **git log** 指令, 執行後可以查看任一則 commit 的完整訊息 :

```
git log
```

```
commit 4ac9d40d6f98460de31e0344cc30e660b43a459c (HEAD → main)
Author: Jesse Liberty <JesseLiberty@non.se.com>
Date:   Wed Feb 3 14:38:12 2021 -0500

    Add a line to program to indicate why it was added

    The line was added specifically to give me an opportunity to demonstrate
    using extra space to clairify the commit.
```

送出某個 commit 時所附加的訊息

如果只想看各 commit 的標題, 輸入 **git log --oneline** 即可:

```
> git log --oneline
4ac9d40 (HEAD → main) Add a line to program to indicate why it was added
ef16f81 (origin/main, origin/HEAD) Add writeline indicating we are in command line
d418600 Add informative WriteLine
a3f085e First commit -- from command line
a5798e1 Initial commit
```

　　　　　　　　　　　　　　　　　　　　　　每個 commit 都只會顯示一行簡要訊息

git log 是本書最常用到的指令之一, 後續演練時我們會經常用到, 第 9 章您也會看到更多 log 指令的介紹。

3

Chapter

五個 Git 常用區域以及
分支 (Branches) 概念

在本章你將了解使用 Git 的 5 個關鍵區域：**工作區** (working area)、**整備區** (staging area)、**本機儲存庫**、**遠端儲存庫**和 **stash 暫存區**等，我們將帶你理解各區的意思以及用途。

> **★編註** 雖説是「區域」，但不見得都是像資料夾那樣實際看的到的空間，有些是 Git 所設計的特殊的暫存空間，因此這 5 個位置比較像是程式撰寫流程可能觸及的 5 個階段。

本章還會學到**分支** (branch) 的概念，在演練分支時會複習第 2 章學到的內容，包括：將程式變更情況 commit 到本機儲存庫做成記錄點，最後再 push 到 GitHub 遠端儲存庫 (伺服器) 做同步。

3.1 使用 Git 的 5 個關鍵區域

開發人員在使用 Git 管理程式通常會觸及 5 個區域：

- **工作區** (working area)。
- **整備區** (staging area), 又稱**索引區** (index)。
- **本機儲存庫** (local repository)。
- **遠端儲存庫** (remote repository)。
- **stash 暫存區**。

底下就來一一介紹。

3.1.1 工作區

工作區指的是程式檔案 (.c、.cs、.py…) 的存放位置, 從檔案總管找到檔案並開啟後就可看到程式內容。工作區在 Windows 檔案總管中顯示如下：

目前的工作區 (即檔案的存放路徑)

執行

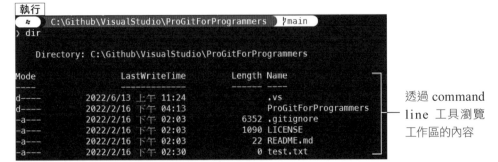

透過 command line 工具瀏覽工作區的內容

　　除此之外, 程式開發工具通常也會在主畫面提供工作區的瀏覽區域, 便於管控程式, 例如作者所用的 Visual Studio 在程式開啟後會在右上角的 Solution Explorer (方案總管) 顯示工作區的內容：

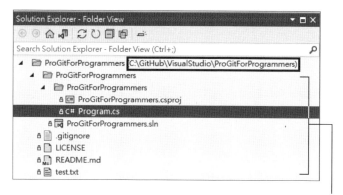

從程式開發工具 (本例為 Visual Studio) 瀏覽工作區的內容

> **★編註** 如果只有這樣的話, 那工作區就跟一般資料夾沒啥區別, 不過 Git 提供了分支 (Branches, 後述) 功能, 當你切換 Git 分支時, 工作區的內容會改變成所在分支的檔案內容。或者當你回復某 commit 記錄點的內容時, 工作區資料夾也會回復到該記錄點那個時刻的內容, 這些都是由 Git 在背後做管控。

3.1.2 整備區 (staging area)

　　如果工作區有檔案編輯後想要 commit, 首先要先將它們加到**整備區** (staging area), 整備區在 Git 又稱為 index, 因此您若在其他書或網路文章看到 index、索引區等名稱, 就是在講這個整備區。

　　簡單來說, 整備區就是正式 commit 前檔案要去的地方, 而使用的指令就是 2.3 節介紹過的 **git add**；用此指令將異動加入整備區後, 再利用 **git commit** 就可以將異動正式提交至本機儲存庫。

■ 整備區的練習 (一)：操作第 1 個儲存庫

開始做些練習吧！延續上一章的操作, 開始前請確認您手邊至少建立了兩個跟 GitHub 連動的本機儲存庫, 並先自行在本機儲存庫的程式內做些異動, 例如作者是在「CommandLine」、「VisualStudio」本機儲存庫的當中的 Program.cs 程式最後都加了一行程式：

```
using System;

namespace ProGitForProgrammers
{
    class Program
    {
        static void Main(string[] args)
        {
            Console.WriteLine("Hello World!");
            Console.WriteLine("I just added this in Visual Studio");
            Console.WriteLine ("I just added this in the command line repo") ;
            Console.WriteLine("This line add to show the staging area");
        }
    }
}
```

新增這一行

讓我們從 command line 工具開始, 作者養成了做任何操作前先執行 **git status** 的習慣, 這個指令之前操作過, 這次帶您看細一下：

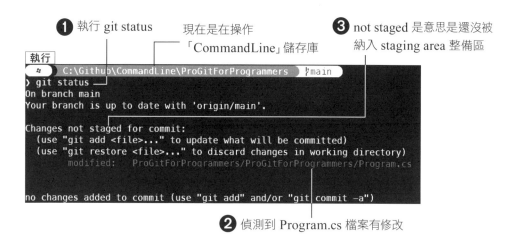

① 執行 git status

現在是在操作
「CommandLine」儲存庫

③ not staged 是意思是還沒被
納入 staging area 整備區

② 偵測到 Program.cs 檔案有修改

接著用 **git add** 指令將異動過的檔案加入整備區, add 後面通常跟著檔名, 也很常直接寫句點 (.), "**git add .**" 表示將目前路徑下所有檔案都納入:

```
git add  ProGitForProgrammers/ProGitForProgrammers/Program.cs
```

執行後 Git 不會回應任何訊息, 但該檔案目前已位於整備區。如果你再次以 git status 查看狀態, 應該會觀察到變更的檔案現在以不同顏色顯示, 並且 Git 給的訊息略有不同, 這次會顯示修改後的檔案已準備好提交:

再次執行 git status

變更的檔案已納入整備區
(staged), 只差 commit 了

若想提交檔案成記錄點, 只需執行 **git commit -m "訊息"**, 會立即送出 commit 到本機的「CommandLine」儲存庫。若沒有加上 -m, 單單只執行 git commit, 會跳出編輯器讓你輸入訊息。這些操作第 2 章演練過, 現在您知道其實已經涉及 Git 多個區域的操作了。

跳過整備區直接 commit

在 commit 時你可以加上 "-a" 參數跳過整備區, 直接提交文件, 也就是輸入:

git commit -a -m "my message"

就是 add 的意思, 請注意 -a 一定要寫在 -m 前面

上述指令會立即 commit 工作區中所有修改過的檔案, 並附上 commit 訊息, 依作者習慣, 工作中有九成機會都是用這種方式快速送出 commit。

■ 整備區的練習 (二)：操作第 2 個儲存庫

接著我們來用 GUI 工具操作第 2 個儲存庫。底下作者以 Visual Studio 開啟第 2 個本機儲存庫 (方法如 2-32 頁的說明)。針對整備區, 在 Visual Studio 右下角可看到一排常駐的顯示狀態：

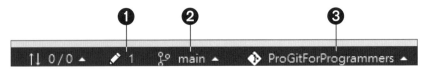

▲ Visual Studio 右下角的資訊

鉛筆右邊的 1 表示有一個修改過的檔案 ❶ (編：因為 3-4 頁提到我們在第 2 個儲存庫內的 Program.cs 最後加了一行), 表示目前整備區中「已經」有一個待 commit 的內容 (編：沒錯, 在 GUI 工具上通常不用再 add 什麼的, 而會自動偵測到程式有變更, 並將其納入整備區當中)。然後是目前位於 main 分支 ❷, 最後顯示您目前在操作哪個本機儲存庫 ❸。

> **★ 編註** 至於上圖最前面 ↑↓ 0/0 的 ↑ 向上 (outgoing) 箭頭及後面的 0 表示有 0 個 commit 要 push 至 GitHub 伺服器。而 ↓ 向下 (incoming) 箭頭及後面的 0 表示有 0 個 commit 要從伺服器 pull 回來。

　　目前整備區中已經有一個待 commit 的內容, 如 2.5 節的介紹, 在 Visual Studio 中你可以從工具列的 **Git** 選單中選擇「**Commit or Stash**」。而更快的方法就是點擊鉛筆圖示, 會開啟 **Git Changes** 選單。這裡可看到變更的檔案及其路徑, 你只要填寫 commit 訊息並按 **Commit All**:

❶ 這裡自動偵測到 Program.cs 的內容有變更

　　之後 Visual Studio 會顯示已經將變更提交到本機儲存庫, 接著, 會看到有一個 outgoing 待處理, 意思是此 commit 可以繼續 push 到 GitHub 與遠端儲存庫同步:

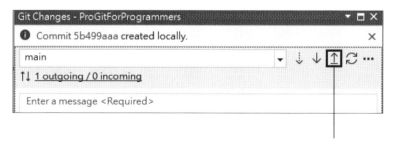

點擊這裡就可以將 commit 從本機 push 到遠端伺服器

GitHub Desktop 上的整備區又是怎麼運作呢？此工具的設計很簡潔, 在開啟後的主畫面就提供所有資訊及操作按鈕：

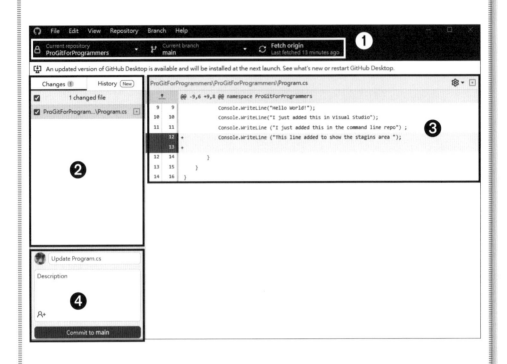

GitHub Desktop 上頭也會自動偵測到有檔案變更, 在最上面一列 ❶ 可以看到儲存庫的名稱和當前分支。在左上角視窗中 ❷, 可以看到變更檔案的數量及對應的檔案, 還可以查看 commit 歷史記錄。在右側 ❸ 則可看到實際的變更內容。最後, 左下角 ❹ 你可以輸入訊息並送出 commit 成記錄點。

一旦送出 commit, 頁面就會清除並顯示一個 **Push origin** 按鈕, 允許你將變更推送到遠端伺服器 (編：以後看到 origin 就要知道是指遠端伺服器喔！後面會常在 Git 提供的訊息看到 origin 這個字眼)：

接下頁

點擊這裡就可以跟遠端儲存庫同步

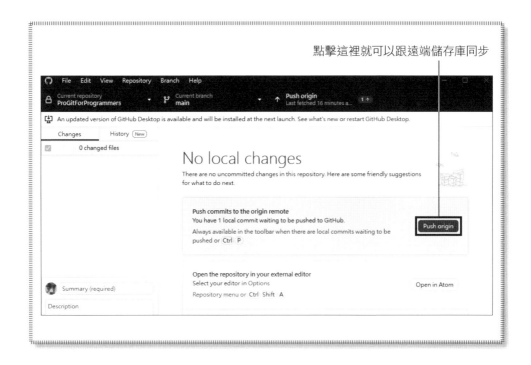

3.1.3 本機儲存庫、遠端儲存庫

使用 Git 會涉及的第 3 和第 4 個區域是**本機儲存庫**和**遠端儲存庫**。兩者在上一章以及本章前面已經充分練習過了，這裡我們反覆練習的重點就是：commit 是將變更提交到本機儲存庫成一個記錄點，而 push 會將 commit 從本機儲存庫推送到遠端儲存庫做同步。

尤其是「修改檔案 → 送出 commit 到本機儲存庫 → 修改檔案 → 送出 commit 到本機儲存庫...」的操作請讀者多加熟悉，平常您在 Git 在管控檔案就可以多記錄一些 commits (＝版本) 下來，以防萬一。之後各章節我們介紹 Git 的其他功能指令時，也需要自行多累積多一點 commits 才能讓各指令派上用場。

3.1.4 stash 暫存區

最後一個 Git 常涉及的區域就是 **stash 暫存區**。stash 暫存區主要用來存放「您已經改過檔案, 但暫時不想要 commit 出去的內容」；另一個情境則是「怕切換分支時遺失異動的內容, 就暫時全存入 stash 暫存區」, 本章我們暫時不會操作到 stash 暫存區, 先大致有個概念就可以了。

> **★ 編註** stash 跟前面提到的 staging area 整備區有點類似, 都有點暫存的性質, 不過 staging area 裡面放的比較偏打算正式提交的內容 (只是先 add 再 commit), 而 stash 暫存區比較偏存放「做到一半還不想 commit」的工作, 例如組長突然通知, 在另一個專案發生了緊急的錯誤, 這時 stash 就可派上用場, 此時雖然也可提交修改的東西, 但功能都尚未完備, 因此就先將修改放到 stash 暫存區, 之後再回頭繼續處理。
>
> 而上面有說切換分支前常會用到 stash 暫存區, 正是因為你在處理專案的一部分時, 可能會經常切換到其他分支處理其他事情, 而您又不想提交手邊進行到一半的工作, 這個問題的答案就是用 git stash 存入 stash 暫存區 (第 10 章會介紹)！

3.2 分支 (Branches) 功能

分支 (Branches) 在使用 Git 時至關重要, 它的概念是：專案有一個 "主 (main)" 分支, 正式的程式都是從主分支發佈出去, 而每次要將程式加到主分支前, 都要先對程式作檢查和審核, 讓主分支盡可能保持乾淨。

而當要處理 bug 或開發新功能時, 你 (或專案成員) 可以建立一個新的分支, 通常稱為功能分支 (feature branch), 做法是在當前主分支的最新狀態下建立一個程式副本, 然後就可以在這新功能分支上盡情開發, 不用擔心影響主分支的程式。完成後, 若測試一切正常, 再將功能分支的內容 "合併 (merge)" 回到主分支中。

　　使用 Git 的分支功能時, 要隨時注意一個名為 **Head** 的指標, 會指向最新的 commit 位置。例如下圖的情境是建立一個名為 **Feature 1** 的分支, 並切換到該分支, 因此 **Head** 就指向該分支, 此時工作區也會顯示該分支的程式:

▲ 例：建立一個 Feature 1 分支

3.2.1 建立新分支

　　到現在為止, 所有的程式都在主分支上, 這不是一種好做法。我們應該在做任何開發前先建立一個功能分支。來看看怎麼建立分支吧！

■ 在第 1 個本機儲存庫建立新分支

　　先看看建立分支相關的 Git 指令吧！相關語法如下:

> **git branch 分支名稱** ◀── 建立分支

> **git checkout 分支名稱** ◀── 切換到指定的分支

編：要注意, 切換分支的指令名稱是 checkout, 其實是比較接近 checkout "to" 的意思, 例如 checkout Feature1 是指從目前的分支 checkout (離開), to (到) Feature1 分支去底下請讀者用 command line 工具操作任一儲存庫。首先以 **git checkout** 指令切換到原本就存在的 main 分支 ❶。切換好後, 從遠端儲存庫 pull 最新版本的 main ❷。接著以 **git branch** 指令建立名為 Calculator 的分支 ❸。

請注意, 建立 Calculator 分支後並不會自動切換至該分支, 得手動再使用 **git checkout** 指令切換到該分支 ❹。

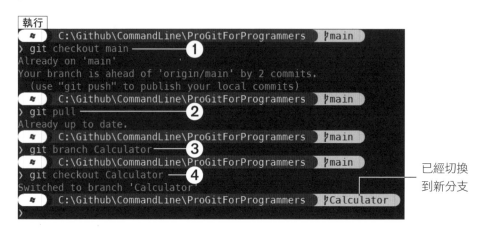

已經切換到新分支

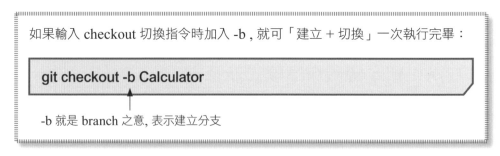

現在已經切換到新分支, 但在新分支裡有什麼呢?因為這個新分支是從 main 複製來的, 而目前還沒有改變任何東西, 所以現在新分支與 main 主分支的內容會是相同的。從這裡開始, 兩個分支就會分道揚鑣。當新增程式時, 這些修改都是在新的 Calculator 分支上, 而不在 main 主分支上。

在深入研究前, 先請讀者在另一個本機儲存庫建立分支 (視為其他的開發者所做的事) , 作者改用 GUI 工具在第 2 個儲存庫做操作。

■ 在第 2 個本機儲存庫建立新分支

　　請讀者參考以下步驟在第 2 個本機儲存庫建立分支, 這裡作者是以 GUI 工具來示範。首先在 GUI 工具中切換到要操作的本機儲存庫, 在此分享一個小技巧, 若擔心開啟了不對的本機儲存庫, 最保險的開啟方式是利用 Windows 的檔案總管。以作者準備要操作的「VisualStudio」第二個儲存庫為例, 就是先在檔案總管切換到程式存放路徑 (例如 "C:\GitHub**VisualStudio**\ProGitForProgrammers\ProGitForProgrammers"), 找到想開啟的程式, 按右鍵指定相關工具來開啟, 如此一來操作的就會是程式所在的本機儲存庫了。

> **★編註** 如同我們在第 2 章所提到的, 我們可以將您目前所建立的兩個本機儲存庫視為 2 個獨立的開發者, 這裡的情境就是每個開發者都在他們自己的電腦上進行開發。而每個開發者都有一個主分支, 而現在要開發自己的工作因此各自建立不同名稱的分支。

　　現在我們要準備在儲存庫中建立分支, 為了避免您學習上的混淆, 不同本機儲存庫的分支名稱我們就取不一樣的。此例我們將第 2 個儲存庫的的分支命名為 "Book"。以 Visual Stuio 為例, 請點擊 Git 選單, 選 New Branch。輸入新分支名稱為 "Book", 然後按 **Create**：

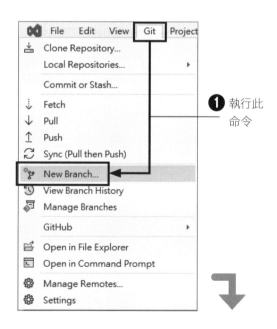

❶ 執行此命令

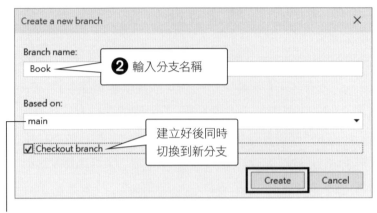

可以選擇想基於 (Based on) 哪個分支來建立新分支

執行後, 在 GUI 工具上開啟檢視分支的視窗 (以 Visual Studio 為例是執行「**Git / Manage Branches**」命令), 會列出此儲存庫的分支, 並且 Book 會以粗體顯示, 表明它是當前分支：

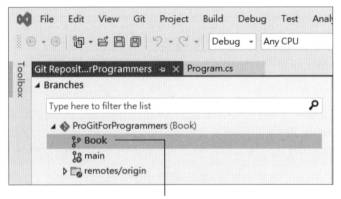

成功建立並切換到 Book 分支

在「GitHubDesktop」儲存庫建立新分支

如果您慣用 GitHub Desktop, 分支的建立方法如下。首先打開 GitHub Desktop, 執行選單上的「**Repository / Show In Explorer**」命令：

接下頁

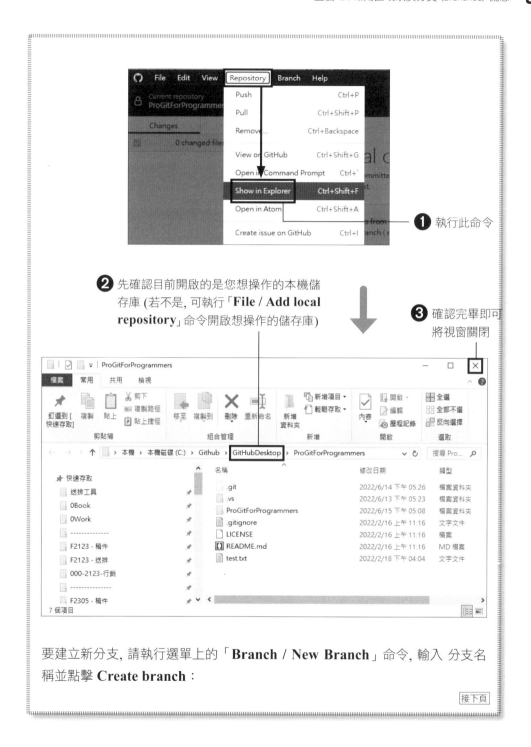

① 執行此命令

② 先確認目前開啟的是您想操作的本機儲存庫 (若不是, 可執行「**File / Add local repository**」命令開啟想操作的儲存庫)

③ 確認完畢即可將視窗關閉

要建立新分支, 請執行選單上的「**Branch / New Branch**」命令, 輸入 分支名稱並點擊 **Create branch**：

接下頁

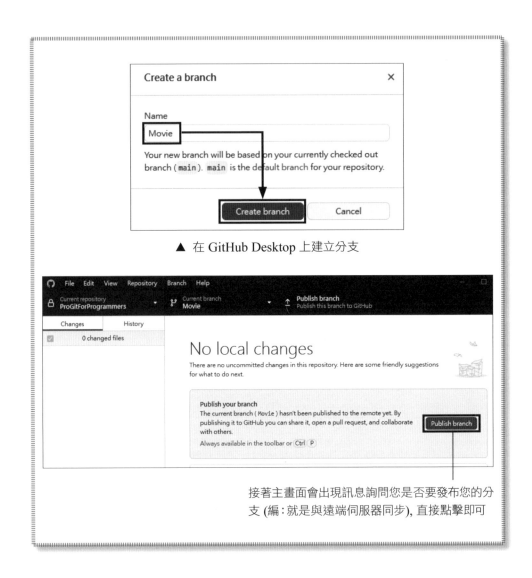

▲ 在 GitHub Desktop 上建立分支

接著主畫面會出現訊息詢問您是否要發布您的分支 (編：就是與遠端伺服器同步), 直接點擊即可

3.2.2 在第一個儲存庫的分支上修改程式

來看一些分支的切換操作吧！請讀者挑手邊任一個儲存庫來操作, 我們來演練一下在分支上撰寫程式的情況, 看是否會影響 main 主分支的內容。一開始先用您慣用的程式開發工具 (作者是用 Visual Studio) 編輯該儲存庫內的程式：

養成好習慣, 在任何工具上編寫程式前先確認清楚是否操作到對的儲存庫、以及對的分支

若不清楚如何在 GUI 工具中開啟、切換儲存庫, 可以參考 2-32 頁的說明

　　分支功能通常是開發新程式會用到, 這裡就請讀者在手邊第 1 個儲存庫的分支上自行建立一個新程式, 程式的內容讀者可以自行決定, 或參考底下作者的內容。以作者的操作為例, 在 Visual Studio 的 Solution Explorer 視窗 (可利用「**View / Solution Explorer**」命令開啟) 中按右鍵, 執行「**Add / New Files**」命令, 新增一個名為 Calculator.cs 的新檔案, 這個檔案是想撰寫名為 Calculator 的類別, 先完成初步架構後將檔案儲存下來:

```
namespace ProGitForProgrammers
{
    public class Calculator          在分支所建立的新檔案內撰寫程式
    {
    }
}
```

■ 提交第 1 個儲存庫的修改

通常實際上不會只做簡單幾個修改後就建立 commit, 但本書為了範例演練, 會請讀者經常提交以累積多一點 commits。

在程式開發工具編寫好程式後, 看讀者要用什麼工具來做第 1 個儲存庫的 Git 操作都可以, 底下以 command line 工具來示範。首先用 git status 取得當前狀態, 會顯示有一個未追蹤 (Untracked) 的新檔案。Git 已經識別出資料夾中有一個它一無所知的檔案, 因此下一步就是將它 add 到整備區:

執行
```
git add .
```

使用 "add ." 指令將目前所在路徑底下, 任何修改過或新的檔案加入到 staging area (整備區), 然後就可 commit 出去:

執行
```
git commit -m  "Add calculator class"
```

❶ 操作前, 請確認已用 git checkout
指令切換到您想操作的分支

執行
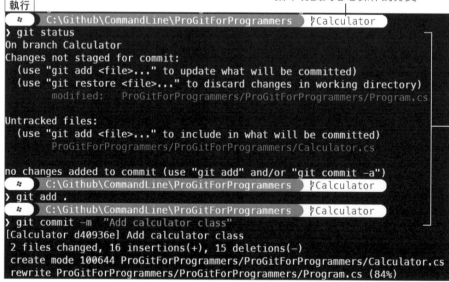

❷ 依序完成上述操作

■ 使用 log 指令查看 commits 歷程 (history)

2.6 節介紹過 **log** 指令,我們詳細來看它執行後所透露的資訊:

> git log --oneline ◀── 以單行顯示內容

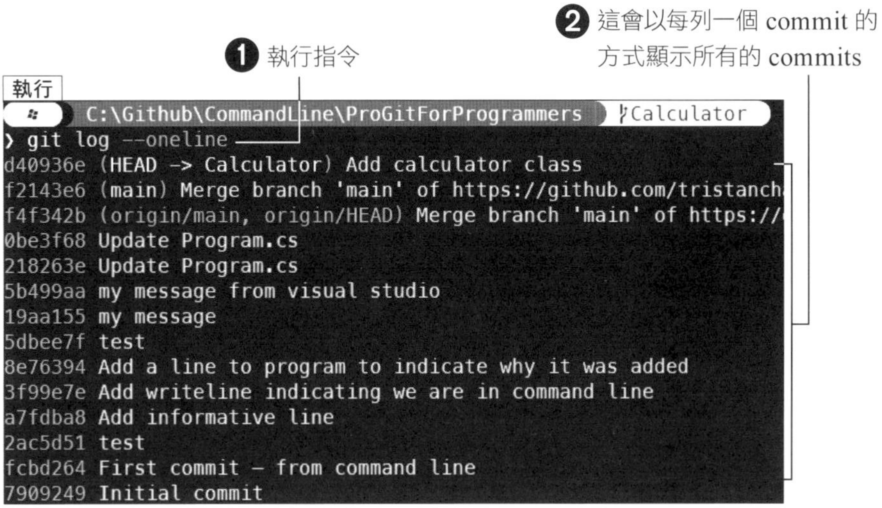

❷ 這會以每列一個 commit 的
方式顯示所有的 commits

❶ 執行指令

```
執行
    C:\Github\CommandLine\ProGitForProgrammers  /Calculator
) git log --oneline
d40936e (HEAD -> Calculator) Add calculator class
f2143e6 (main) Merge branch 'main' of https://github.com/tristancha
f4f342b (origin/main, origin/HEAD) Merge branch 'main' of https://
0be3f68 Update Program.cs
218263e Update Program.cs
5b499aa my message from visual studio
19aa155 my message
5dbee7f test
8e76394 Add a line to program to indicate why it was added
3f99e7e Add writeline indicating we are in command line
a7fdba8 Add informative line
2ac5d51 test
fcbd264 First commit — from command line
7909249 Initial commit
```

花點時間研究一下 log 的結果,Git 所透露的資訊可以幫助我們更掌握狀況。最前面有每個 commit 專屬的 7 位數 ID,這是 Git 自動生成的 SHA-1 雜湊值,所有 ID 按新到舊的順序列出,例如最上面是最新的 commit:

```
d40936e (HEAD -> Calculator) Add calculator class
```

這告訴你 HEAD 指標現在指向 Calculator 分支的最新 commit,也就是現在工作區中的內容是 Calculator 分支,後面是該 commit 的說明資訊。而留意到上圖 main 是位於第二列,意思是目前 main 並沒有第一列這個 commit 的內容。以上關係若畫成圖形就像是下圖這樣 (編:很多 Git 文章在解說建立分支後的所有後續作為,都習慣繪製下圖這樣的圖形,目的是將產生分支後的 commit 的歷程視覺化,針對這樣的圖形你也得稍微看懂才行):

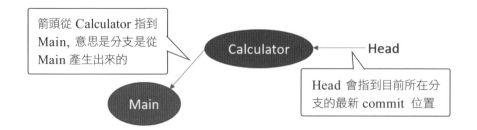

箭頭從 Calculator 指到
Main, 意思是分支是從
Main 產生出來的

Calculator

Head

Head 會指到目前所在分
支的最新 commit 位置

Main

■ push 新分支到遠端伺服器

我們來將剛才最新的 commit 以及新產生的分支 push 到 GitHub, 但由
於雲端上目前還不認識新分支。當輸入 git push 時會看到下面訊息:

```
) git push
fatal: The current branch Calculator has no upstream branch.
To push the current branch and set the remote as upstream, use

    git push --set-upstream origin Calculator
```

這是說 Git 無法繼續推送, 因為當前分支 (此例的 Calculator) 與伺服器
上的分支不一致。很棒的是上圖最下面 Git 有提供我們正確的指令, 只需複
製下來並貼到 command line 工具上, 然後按 Enter, 這樣就可以將分支推送到
伺服器了:

將分支 push 到伺服器

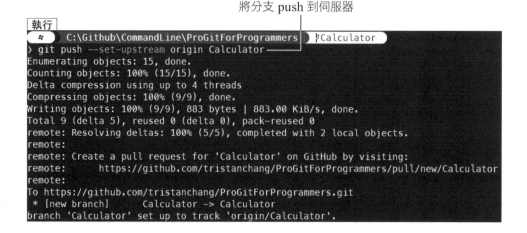

```
執行
     C:\Github\CommandLine\ProGitForProgrammers    ⑂Calculator
) git push --set-upstream origin Calculator
Enumerating objects: 15, done.
Counting objects: 100% (15/15), done.
Delta compression using up to 4 threads
Compressing objects: 100% (9/9), done.
Writing objects: 100% (9/9), 883 bytes | 883.00 KiB/s, done.
Total 9 (delta 5), reused 0 (delta 0), pack-reused 0
remote: Resolving deltas: 100% (5/5), completed with 2 local objects.
remote:
remote: Create a pull request for 'Calculator' on GitHub by visiting:
remote:      https://github.com/tristanchang/ProGitForProgrammers/pull/new/Calculator
remote:
To https://github.com/tristanchang/ProGitForProgrammers.git
 * [new branch]      Calculator -> Calculator
branch 'Calculator' set up to track 'origin/Calculator'.
```

上圖我們來關心最後一行, 最後的 "origin/Calculator" 說明了現在伺服器 (origin) 上也已經有一個稱為 Calculator 的新分支了。

> 執行完 push 指令後, 從現在開始, 在 Calculator 分支上推送 commit 時, 不必再使用 --set-upstream...的冗長指令, 只需簡單的 git push 即可。

■ 到 GitHub 網站檢查分支內容

讓我們到 GitHub 檢查新的分支。登入後切換到您的儲存庫, 一開始所顯示的是 main 主分支, 可以發現應該還沒有我們剛才新建立的程式:

登入 GitHub 網站, 查看伺服器上的儲存庫

預設是在 main 分支, 可以逛底下
的檔案區, 不會看到新建立的程式

我們建立的 Calculator 分支跟工作區在哪裡呢? 注意到左上角的 **main** 按鈕, 下拉後選擇 **Calculator**, 就會顯示 Calculator 分支的內容 (這跟在本機端執行 git checkout Calculator 是一樣的意思):

在 GitHub 伺服器上切換到 Calculator 分支

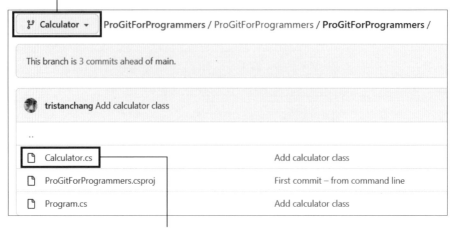

Calculator 分支工作區的內容, 可以看到出現了
main 主分支所沒有的 Calculator.cs 檔案

■ 繼續新增 commit 至 Calculator 分支

　　請讀者繼續新增一個 commit 到 Calculator 分支。同樣以程式開發工具
開啟程式來編輯 (請依 3-17 頁確認操作的是第 1 個儲存庫的 Calculator 分
支), 本例繼續撰寫 Calculator.cs 檔案, 在 Calculator 類別中新增名為 add
的 method (程式的內容讀者可以自行決定, 或參考底下作者的內容) :

```
using System;

namespace ProGitForProgrammers
{
    class Calculator
    {
        public int Add(int left, int right)     ── 繼續撰寫程式內容
        {
            return left + right;
        }

    }
}
```

為了製作出更多 commit 提交紀錄, 我們再次 commit 提交。如同前述, 最簡單的方法是結合 add 和 commit 指令, 並在後面加上一行訊息：

執行

```
C:\Github\CommandLine\ProGitForProgrammers    Calculator
> git commit -a -m "Add the add method"
[Calculator 41b6fea] Add the add method
 1 file changed, 6 insertions(+)
```

執行 git commit -a -m "Add the add method" 來快速 commit

別忘了習慣性地執行 log 指令查看 commits 歷程：

HEAD 目前是指向 Calculator
分支的最新 commit 位置

最新的 commit 説明

執行

```
C:\Github\CommandLine\ProGitForProgrammers    Calculator
> git log --oneline
41b6fea (HEAD -> Calculator) Add the add method
d40936e (origin/Calculator) Add calculator class
f2143e6 (main) Merge branch 'main' of https://github.com/tristanchang/
f4f342b (origin/main, origin/HEAD) Merge branch 'main' of https://gith
0be3f68 Update Program.cs
218263e Update Program.cs
5b499aa my message from visual studio
19aa155 my message
5dbee7f test
8e76394 Add a line to program to indicate why it was added
3f99e7e Add writeline indicating we are in command line
a7fdba8 Add informative line
2ac5d51 test
fcbd264 First commit – from command line
7909249 Initial commit
```

log 訊息一多就更需要花時間看一下。在**第一列 41b6fea** 會看到我們的 commit 提交成功, 並看到 HEAD 指標指向 Calculator 分支的最新 commit。**第二列 d40936e** 表示 origin (即 GitHub) 上的 Calculator 分支指向稍早的 commit。而**第三列 f2143e6** 可看到顯示 main, 這是指本機端的 main (編：如果是伺服器上的 main 通常會寫 origin/main), 它是處在第三列, 跟目前第一列 HEAD 所指的 Calculator 分支位置有兩個 commit 的距離, 意思就是自 Calaulator 分支產生後, 我們在此分支上產生了兩個 commit 記錄點, 而這兩個記錄點的內容是 main 所沒有的, 想讓 main 也有的話就得做合併 (merge), 這留待下一章再來介紹。

第 1 個儲存庫的分支演練就到這裡, 讀者現在就可以把 commit 推送到伺服器, 或者等到有更多 commit 後再一次 push 也可以。

3.2.3 驗證：不同儲存庫的分支完全獨立

我們先前請讀者在手邊的第 2 個儲存庫也建立一個新分支 (本例為 Book 分支), 這就可視為維護這個儲存庫的開發者撰寫新功能之用。現在請讀者也在第 2 個儲存庫的分支上建立新檔案, 並撰寫一些程式。此例作者是新增一個 Book.cs 檔案, 用來撰寫全新的 Book 類別。作者將 Book 類別設置為 public 並為它撰寫三個屬性 (程式的內容讀者可以自行決定, 或參考底下作者的內容)：

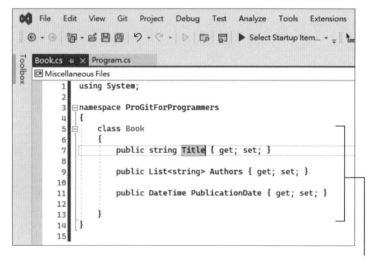

在第 2 個儲存庫的
分支上撰寫程式

在第 2 個儲存庫撰寫好程式後, 請讀者自行用任何工具送出 commit 並 push 上 GitHub, 這些步驟目前您應該已經很熟悉了：

現在, 請讀者試著用任何 Git 操作自由切換到這 2 個儲存庫, 也試著切換到各自的分支, 切換的同時, 應該會發現各儲存庫的工作區會隨著分支的切換會顯示不同的程式內容。

做這個演練是為了讓讀者感受一點：那就是第 2 個儲存庫的分支, 與第 1 個儲存庫的分支可說是兩條平行線, 怎麼樣都不會衝突, 就算我們已經讓兩個本機儲存庫透過 GitHub 做 push、pull 的同步, 但目前分支的內容都還沒有併回 main, 因此兩個分支可以盡情開發嘗試新內容, 不用擔心會影響共同維護的 GitHub 雲端儲存庫, 由此可知分支功能的方便性。

3.2.4 小結

整理一下, 之前提到可將 2 個本機儲存庫視為 2 個開發人員分別負責管理的, 前面一系列實作下來, 2 個儲存庫跟 Main 的關係看起來像下圖這樣:

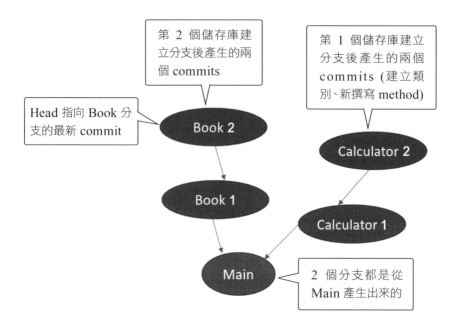

3.3 儲存庫的延伸操作 非必要步驟

如果您已經很熟悉「修改程式→送出 commit」這樣的做法, 最後這一節的內容則可以略過。後續章節我們所介紹的指令往往需要累積多一點 commit, 您可藉由這一節觀摩作者通常是怎麼做的。

在此以第 1 個儲存庫為例, 我們來加入更多 commits。不厭其煩地, 各工具上一開始一定要確認操作的是您要的本機儲存庫, 最保險的做法先前也提過就是用 Windows 檔案總管, 切換到本機儲存庫的所在路徑 (例如本例第 1 個儲存庫的位置在 C:\GitHub**CommandLine**\ProGitForProgrammers), 然後雙擊開啟你的程式:

在第 6 章介紹 interactive rebase 時, 您會更明白為什麼作者要在 push 前保留
多個 commit (編：先洩個底, 簡單來説, 這樣我們就可以使用「合併 commit」
的技巧, 如果你送出的 commits 需要人審查, 可以減輕審查者的負擔。

■ 修改分支內的程式

首先作者在分支內的 Calculator.cs 中新增一個 Subtract method：

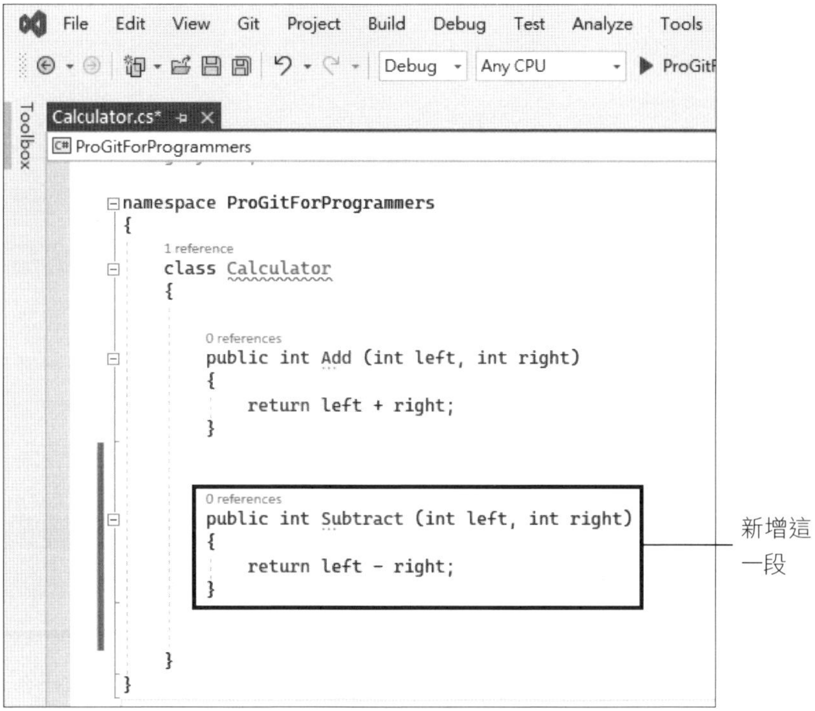

通常我們不會 commit 這麼小的變更, 但在此還是切回 command line
工具, 和之前一樣從 git status 開始：

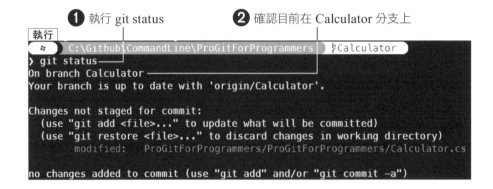
❶ 執行 git status ❷ 確認目前在 Calculator 分支上

然後用 **add** 指令將修改後的檔案加入 staging area 整備區：

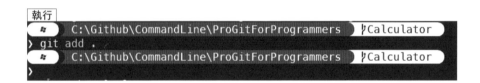

接著 commit 該變更：

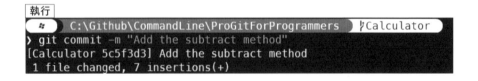

接著依樣畫葫蘆，再撰寫 Multiply 以及 Divide 兩個乘法、除法的 method，並依續 commit 出去：

```
    File  Edit  View  Git  Project  Build  Debug  Test  Analyze  Tools
   ⊕ ▾ ⊕   🕮 ▾ 🖿 🖫 🗐   🍹 ▾ 🍹 ▾   Debug  ▾  Any CPU   ▾   ▶ ProGit

  Calculator.cs ⇌ ×
  [C#] ProGitForProgrammers
          {
               1 reference
               class Calculator
               {
                     0 references
                     public int Add (int left, int right)
                     {
                           return left + right;
                     }

                     0 references
                     public int Subtract (int left, int right)
                     {
                           return left - right;
                     }

                     0 references
                     public int Multiply (int left, int right)
                     {
                           return left * right;
                     }

                     0 references
                     public int Divide(int left, int right)
                     {
                           return left / right;
                     }
               }
          }
```

新增這兩
段敘述

■ 用 log 查看 commit 歷史

習慣性輸入 log 指令查看 commits 的歷程：

輸入 git log --oneline 查看歷程

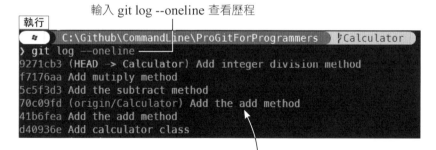

再次確認輸出資訊。第一列 9271cb3 告訴你 HEAD 指向 Calculator 分支。下面是其他 commits，例如看到**第四列 70c09fd** 顯示 origin 上的 Calculator 僅更新到 70c09fd 這個提交 (即訊息為 Add the add methodculator 類別的那個)。

這就是這一行訊息的意思，但確認這是正確的嗎？有幾種方法可以判斷。最直接的方式就是去 GitHub 網站看看 Calculator.cs 的程式內容：

❶ 注意左上角，顯示我們
在 Calculator 分支上

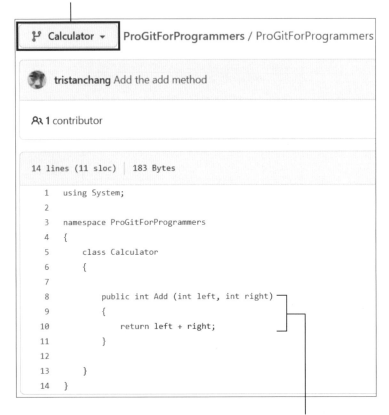

❷ 進入程式中，會看到的目前內容的確只是 Add method，
這跟 log 指令所告訴我們的一致

你也可以在 GUI 工具上查看 log 歷程，以 Visual Studio 為例，先確認切換到第 1 個儲存庫，然後點擊最底部左側的向上箭頭，執行「**View Outgoing/Incoming**」命令：

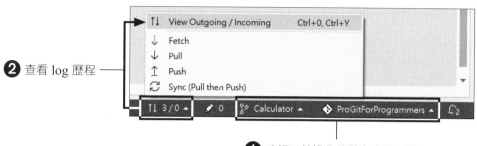

❷ 查看 log 歷程

❶ 確認目前操作的儲存庫對不對

　　接著會開啟一個視窗, 顯示這個本機儲存庫所有的 commits, 而為了清楚區分**哪些是還沒跟伺服器同步的**, Visual Studio 會區分成 Outgoing (還沒同步) 跟 Local History (已經同步) 兩區：

這區以下是「還沒」跟伺服器同步的

Incoming (0)	Fetch | Pull				
◢ Outgoing (3)	Push				
	Add integer division method	Calculator	tristancha...	2022/6/1...	9271cb3d
	Add mutiply method		tristancha...	2022/6/1...	f7176aab
	Add the subtract method		tristancha...	2022/6/1...	5c5f3d37
◢ Local History					
	Add the add method		tristancha...	2022/6/1...	70c09fda
	Add the add method		tristancha...	2022/6/1...	41b6feat
	Add calculator class		tristancha...	2022/6/1...	d40936eb
	Merge branch 'main' of https://github.com/tristancha...	main	tristancha...	2022/6/1...	f2143e63
	Merge branch 'main' of https://github.com/tristanchang/Pro...		tristancha...	2022/6/1...	f4f342bc
	Update Program.cs		tristancha...	2022/6/1...	0be3f685
	Update Program.cs		tristancha...	2022/6/1...	218263ed
	my message from visual studio		tristancha...	2022/6/1...	5b499aaa
	my message		tristancha...	2022/6/1...	19aa1553
	test		tristancha...	2022/2/1...	5dbee7f6
	Add a line to program to indicate why it was added		tristancha...	2022/2/1...	8e76394d

這區以下是「已經」跟伺服器同步的

停在 70c09fda 這筆就沒 push 上伺服器了!也跟 git log 顯示的一致

　　雖然在 command line 工具上也可以查看 log 歷程, 不過 GUI 工具上的顯示通常會清楚許多, 因此可別受限僅使用單一工具, 還是要看狀況熟悉其他工具的用法, 如果您使用的 Git 管理工具沒有這樣的功能最好想辦法取得 (例如 VS Code 上可安裝 git graph 外掛)。上面這個透過 GUI 工具查看 commits 歷程的 log 視窗下一章還會看到, 之後再慢慢介紹。

MEMO

4

檢視 commits 內容並
合併 (merge) 分支

在功能分支上開發好程式功能時, 照道理就可以準備將分支的開發
內容合併回主分支 (main), 合併的操作不難, 一行指令或選單點一
下就可以完成, 不過可不能冒然進行, 因為主分支的重要性十足 (通
常是準備對外發佈的內容), 為了確保內容絕對正確, 合併之前通常
還要善盡檢查的工作, 而且不單是個人檢查, 更嚴謹的做法是將分
支的最終內容 push 上 GitHub, 供專案的參與者一塊檢視, 都沒問
題後再做合併回主分支的操作。

本章一開始會先示範如何做檢視, 接著再做合併 (編：您也會看到
如何利用 GitHub 上便利的 Pull request 功能快速完成多人協同檢
視)。而萬一在合併時遇到討厭的合併衝突時, 我們也會示範如何
解決。

4.1 合併前檢視 commits 內容

前兩章的操作下來, 現在讀者的手邊應該至少有兩個與 GitHub 完成連動、且都建了分支的本機儲存庫, 本節就請跟著我們聚焦在其中一個, 我們來演練如何在合併分支前針對分支上的 commits 做個檢視。底下我們會試著用不同工具來檢視, 究竟是 command line 工具上看的清楚、還是 GUI 工具好、還是各有優劣, 操作一遍就會有深刻的感受。本節我們是以先前位於 C:\GitHub\VisualStudio\ProGitForProgrammers 的第 2 個儲存庫為操作對象, 您可選自己的儲存庫來用, 若沒有請參考前兩章依作者的操作建一個來用)。

4.1.1 利用 command line 工具檢視 commits

首先, 利用 command line 工具 (或開發工具內的終端機) 開啟要操作的本機儲存庫, 然後用 git checkout 切換到分支:

習慣性先用 git status 查看, 畫面顯示目前的分支「領先 (ahead)」伺服器 (origin) 一個 commit, 意思就是有一個待 push 的 commit (編: 為了方便後續照著做, 請讀者也先製作出一個待 push 的 commit)

開發程式時, 難免會一時留下忘記同步的 commit。現在假設這是前一章節作者替 Book 類別撰寫 3 個屬性時所留下的 commit, 但大多數的情況可能會是「誰知道這程式裡面有什麼?」, 因此不想冒然執行 push 上 GitHub 供其他專案成員檢視, 更不用說合併了, 此時有幾個方法可以檢視。

■ 查詢待 push 的內容

從 command line 工具輸入 **git show** 指令:

```
執行
      C:\Github\VisualStudio\ProGitForProgrammers    Book
) git show
commit db3936fe0214457ac259cd810c2fc8ffe4fe42b4 (HEAD -> Book)
Author: trist███ <trist███@gmail.com>
Date:   Thu Jun 23 18:02:18 2022 +0800                     ①

      Add properties ──② 

diff --git a/ProGitForProgrammers/ProGitForProgrammers/Book.cs b/ProGitFo  ③
index 4fb93d1..9dce24a 100644
--- a/ProGitForProgrammers/ProGitForProgrammers/Book.cs
+++ b/ProGitForProgrammers/ProGitForProgrammers/Book.cs
@@ -4,7 +4,11 @@ namespace ProGitForProgrammers
{
    class Book
    {
+       public string Title { get; set; }
+
+       public List<string> Authors { get; set; }
+
+       public DateTime PublicationDate { get; set; }

    }
}
```

▲ 檢視預計要 push 的內容

　　git show 指令顯示了很多資訊, 首先看到作者和日期 ❶, 然後是該 commit 的訊息 "Add properties" ❷。接下來, Git 會在這個 commit 涉及的檔案做一個 diff (前後差異比較), 命名第一個為 **a**, 第二個為 **b**。**a** 是送出這個 commit 之前的檔案內容, **b** 是這次 commit 所做的新內容 ❸。

　　仔細觀察上圖中顯示 a 與 b 差異的部分:

```
@@ -4,7 +4,11 @@ namespace ProGitForProgrammers
{
    class Book
    {
+       public string Title { get; set; }
+
+       public List<string> Authors { get; set; }
+
+       public DateTime PublicationDate { get; set; }

    }
}
```

兩個檔案經過比較, 刪除、修改、新增的地方都會用顏色標示, 顏色取決於您所使用的 command line 工具為何 (例如刪除是紅色, 修改為綠色, 新程式則為黃色…等)。上圖例顯示這個 commit 的內容是 Book.cs 這個檔案新撰寫了三行屬性 (註：public 開頭的那三行)。在執行 push 之前, 我們也先看看 GUI 工具上通常該如何檢視 commit 內容。

4.1.2 在 GUI 工具檢視 commit (一) (以 VS 為例)

　　請先在 GUI 工具內開啟要操作的本機儲存庫, 以 Visual Studio 為例, 執行「**View / Git Changes**」開啟 **Git Changes** 視窗, 和剛才一樣有一個 commit 要推送 (outgoing) (編：因為檢視的是同一個儲存庫, 所以狀態會是一樣的)：

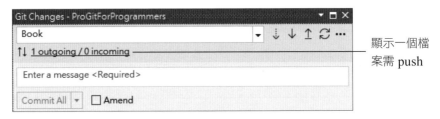

顯示一個檔案需 push

　　在 push 之前先來看看 commits 歷程。點 **1 outgoing** (註：也可以執行「**Git / Manage Branches**」命令) 會開啟一個分割視窗：

透過 **Branches** 視窗可以檢視儲存庫各分支的內容

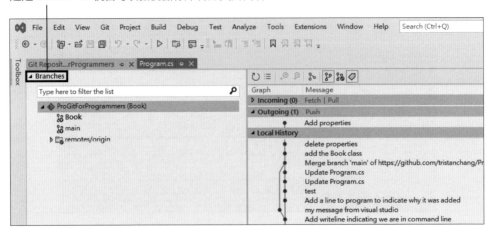

上圖右半邊的視窗我們在上一章最後曾經看過, 它顯示 Book 分支在 Local 端 (而不是 origin 伺服器端) 的 commit 歷史, 讓我們再看仔細一點:

最新的這個 commit 待 push

而這個 commit 是在 Book 分支上建立出來的

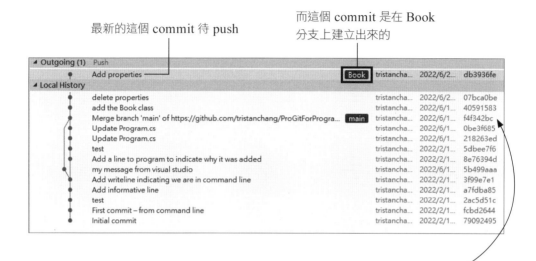

上圖的 main、Book 指標都很顯眼, 比 git log 看到的清楚多了。上圖透露不少資訊, 包括: **main** 上已累積 10 多個提交 (從最新的 f4f342bc 到最舊的 79092495); 此外, Book 分支目前領先 main 有 3 個 commits (編: 也就是這 3 個 commits 是切換回 main 分支時看不到的內容); 最後, 在最上方也看到現在 **Book** 分支上有一個 db3936fe 提交歸在 "Outgoing" 這一區, 表示還沒跟伺服器同步, 訊息就是 "Add properties", 和 4.1.1 節在 command line 工具看到的一致。

■ 查看 commit 詳情來檢視程式改了什麼

我們可進一步查看這個 commit 背後所代表的程式差異, 以 Visual Studio 為例, 在 **Outgoing** 的 **Add properties** 這個 commit 上按滑鼠右鍵, 執行「**View Commit details**」命令, 下面會打開三個窗格, 左邊是這個 commit 建立之前的內容, 右邊則是這個 commit 建立時的新內容。可以看到新內容處新增了 3 行程式:

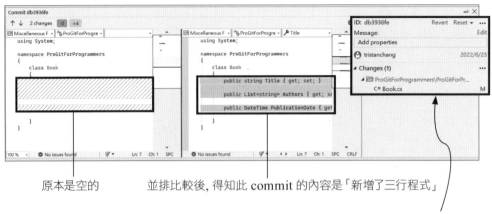

原本是空的　　　　並排比較後, 得知此 commit 的內容是「新增了三行程式」

　　至於最右邊的窗格可看到 commit 的 ID 以及提交者姓名、日期等。還會看到 commit 訊息, 以及這是哪個檔案的 commit (本例為 **Book.cs**)。

也可以從檔案歷史檢視程式差異

除了上述方法外, Visual Studio 在最常接觸的 **Solution Explorer** 也可以檢視程式的修改歷程, 做法是回到 Visual Studio 的 **Solution Explorer** 視窗, 在 Book.cs 上按滑鼠右鍵, 執行「**Git / View History**」:

執行此命令

接下頁

這會單獨列出該檔案的 **History** 頁面, 資訊更為集中 :

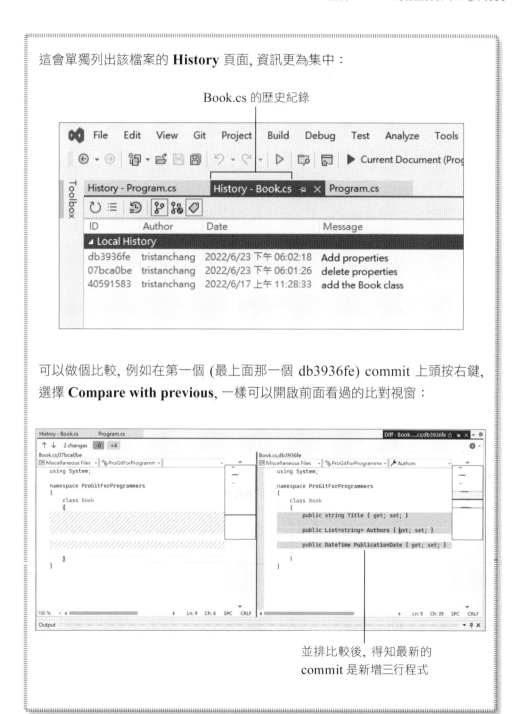

Book.cs 的歷史紀錄

可以做個比較, 例如在第一個 (最上面那一個 db3936fe) commit 上頭按右鍵, 選擇 **Compare with previous**, 一樣可以開啟前面看過的比對視窗 :

並排比較後, 得知最新的 commit 是新增三行程式

4.1.3　在 GUI 工具檢視 commits (二)

　　GitHub Desktop 的檢視 commit 頁面設計的很不錯 (編：小編體驗後覺得比其他 GUI 工具都還直覺), 第一步要先確認所操作的本機儲存庫是哪一個, 2-32 頁我們已經簡單說明如何將本機儲存庫加進來, 這裡再仔細看一下, 首先執行「**File / Add local repository**」命令：

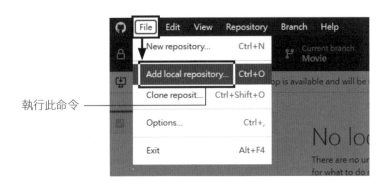

　　下一步要指定想開啟的本機儲存庫在哪。先在下圖點擊 **Choose**…指定本機端的路徑, 設置完成後, 點 **Add repository**：

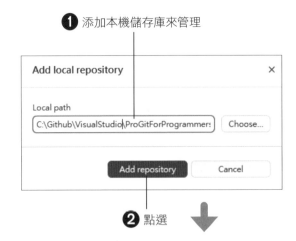

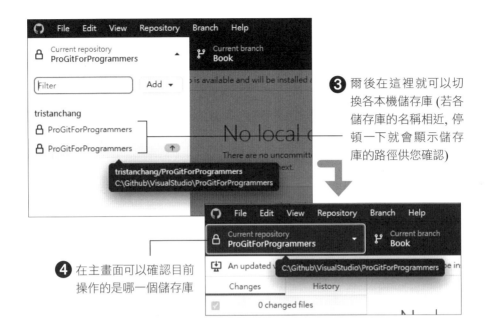

❸ 爾後在這裡就可以切換各本機儲存庫 (若各儲存庫的名稱相近, 停頓一下就會顯示儲存庫的路徑供您確認)

❹ 在主畫面可以確認目前操作的是哪一個儲存庫

來到主畫面後, 可以清楚看到目前在操作哪一個本機儲存庫, 也會顯示處在哪一個分支 (本例為 **Book**), 這個儲存庫目前的狀態是有一個 commit 要 push, 按下 **Push origin** 按鈕就可以將該 commit 推送到 GitHub 儲存庫 (當然我們先不這麼做):

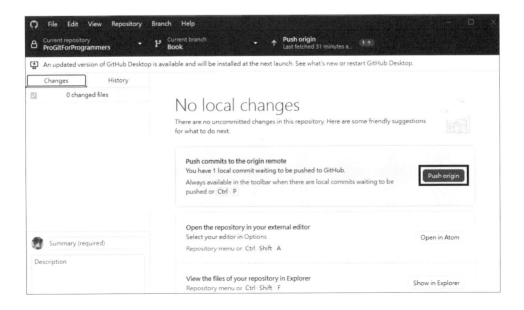

這裡的重點是我們想知道待 push 的 commit 內容是什麼，沒問題，只需單擊主畫面的 **History** 頁次，會顯示 commit 的歷程，點選想查看的 commit 後，上面會 highlight 顯示此 commit 當初變更的內容是什麼：

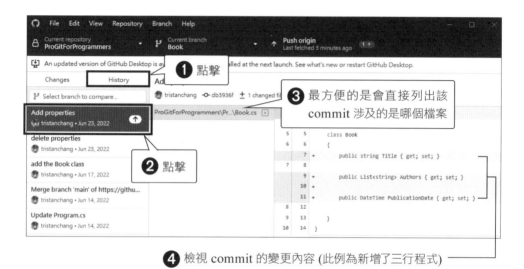

❹ 檢視 commit 的變更內容 (此例為新增了三行程式)

現在已經看了 command line 工具以及兩種 GUI 工具查看 commit 的方式，相信讀者會有自己的使用感受。檢視完若沒問題，是時候將 commit 送到伺服器，以供其他專案成員檢視了。

4.1.4 執行 push

請讀者使用任一種工具，將我們一直研究的 commit 推送到 GitHub：

如同前面所提到的, 將分支內容 push 上 GitHub 是為了供其他專案成員檢視, 後續您可以通知專案成員將內容 pull 下來看看 (或直接在 GitHub 上看也行), 若一切都沒問題, 就可以準備將分支合併回 main 了。

4.2　透過 GUI 工具合併分支

我們的目標是將本機儲存庫的分支 (本例為 Book) 合併回本機端的 main。這一節先來看 GUI 工具的做法, 4.3 節再來看 Git 的合併指令。

請讀者先用 GUI 工具開啟本機儲存庫, 以 Visual Studio 為例, 首先執行「**Git / Manage Branches**」命令, 這會開啟 **Branches** 視窗。右鍵單擊 **main** 並執行 **Checkout**, 這跟在 command line 工具學到的 **git checkout** 指令一樣, 可以切換回 main 主分支：

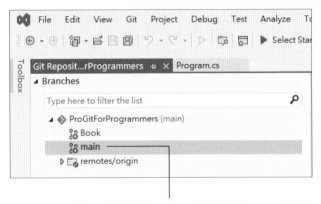

在 main 上面按右鍵執行 **Checkout** 以切換回 main 主分支

本例是準備將 Book 合併到 main 中, 因此就在「Book」分支上頭 (編：不是 main 主分支上頭喔！) 按右鍵, 執行「**Merge 'Book' into 'main'**」就可以進行合併：

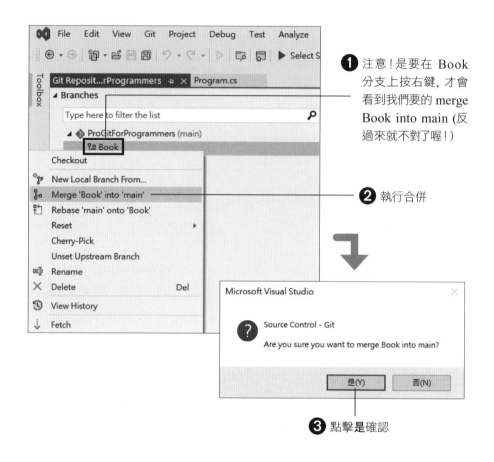

① 注意！是要在 Book 分支上按右鍵，才會看到我們要的 merge Book into main (反過來就不對了喔！)

② 執行合併

③ 點擊**是**確認

　　合併分支後，本例 Book 分支上所做的變更 (編：即 4-5 頁所看到 main 落後 Book 分支的那三個 commits)，就都會反應到 main 主分支了。

4.3 解決合併時發生的衝突 (conflict)

　　熟悉合併 (merge) 的做法後，假設您建立了多個分支，伴隨而來可能就是合併分支最常遇到的「合併衝突」了，發生的原因不外乎是在不同分支編輯到了同一個檔案，導致各分支與 main 合併時出現衝突。此外，若專案是多人同時進行開發，當不同人編輯了同一個檔案，透過 GitHub 伺服器同步來同步去的時候也可能發生內容的衝突。

例如底下是自己的本機端儲存庫發生合併衝突的案例：

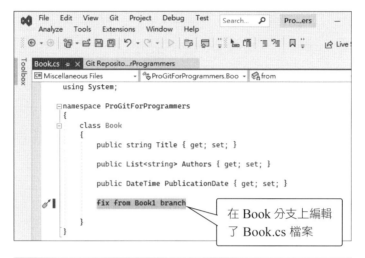

在 Book 分支上編輯了 Book.cs 檔案

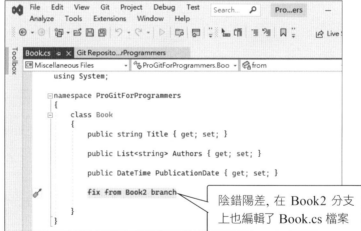

陰錯陽差，在 Book2 分支上也編輯了 Book.cs 檔案

這兩次編輯的是同一個檔案，甚至是同一行程式，不用說也知道會產生衝突，我們來看 Git 會如何偵測到這樣的衝突，以及遇到時如何處理。

> **★編註** 如果讀者也想實作衝突的解法，可以參考上面兩張圖來製造出衝突情境，這是最快的。做法是在本機儲存庫建立兩個分支，一開始先讓兩個分支的內容維持一樣，接著刻意在兩分支同一個檔案的某一行程式做出差異，各自儲存，待會各自合併回 main 時應該就會遇到衝突。

4.3.1 以 git merge 執行合併並查看衝突警示

　　4.2 節已經看到如何利用 GUI 工具來合併分支, 現在我們改利用 command line 來做, 可以更清楚看到合併衝突發生時, Git 所透露的訊息以及建議。

　　首先, 衝突必定是發生在後者跟前者抵觸的情況, 因此前者在做合併時, 通常不會有錯誤。例如底下切換到 main 主分支, 接著執行 **git merge** 指令, 準備依序將上頁看到的 Book 分支、Book2 合併到 main 主分支:

> git merge (欲將哪個分支合併到當前分支) ◀── 編:要留意「誰併誰」的撰寫順序喔!想把 A 併入 B, 就先切換到 B, 然後執行 merger A 指令

❶ 切換到 main 主分支

❷ 執行這行指令, 表示 merge 'Book' into 'main', 看底下的訊息沒發生什麼問題

❸ 執行這行指令, 表示 merge 'Book2' into 'main'

這時就會告知合併失敗, Git 會要求你修復衝突後, 再次提交 commit

```
) git pull
error: Pulling is not possible because you have unmerged files.
hint: Fix them up in the work tree, and then use 'git add/rm <file>'
hint: as appropriate to mark resolution and make a commit.
fatal: Exiting because of an unresolved conflict.
```

在衝突解決好之前, 執行指令也會告知無法 run

4.3.2 取得解決衝突的工具 - KDiff

有幾種方法可以在 command line 介面處理衝突問題, 最簡單的就是利用合併工具, 作者使用的是 KDiff3, 請先到 https://sourceforge.net/projects/kdiff3/ 網站取得此工具, 並安裝到電腦上:

❶ 下載 Kdiff3 工具

❷ 請自行完成完裝, 注意!這裡修改了安裝路徑, 安裝在 C:\ 根目錄底下

由於衝突工具算是常會用到, 可將它設定到 Git 的 config 組態檔中, 這樣不管日後您在何種工具上遇到衝突, 點擊衝突訊息或手動執行本頁最下面的 mergetool 指令就可以快速啟動 Kdiff3 來解決:

執行

```
git config --edit --global  ◄── 執行此指令開啟 config 組態檔
```

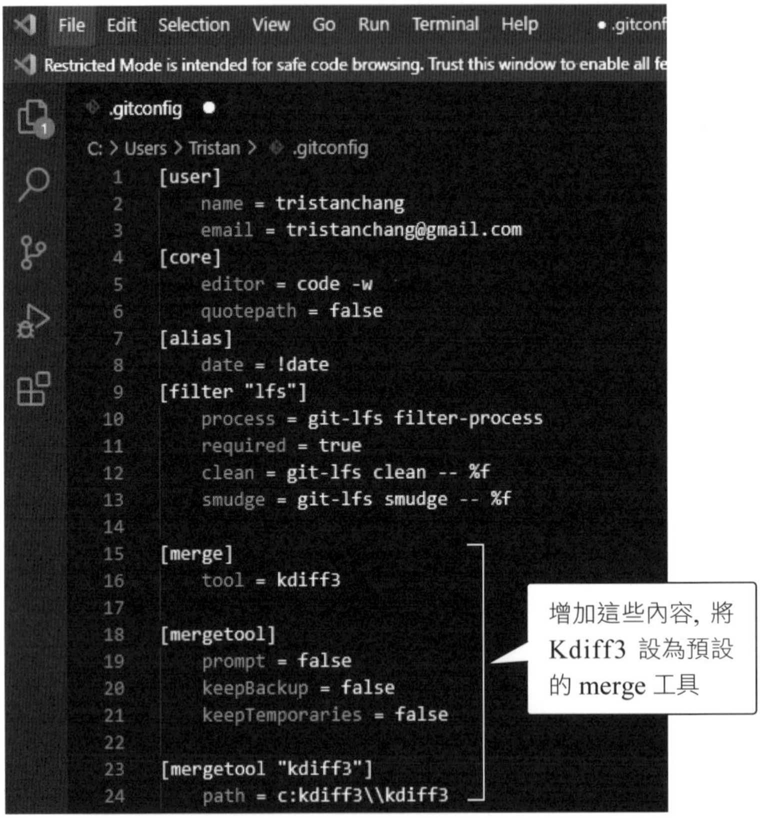

增加這些內容, 將 Kdiff3 設為預設的 merge 工具

以上敘述會把 KDiff3 設置為預設的合併工具, 並告訴 Git 可從哪邊找到它 (此例為先前的安裝路徑 C:\Kdiff3)。

以後要啟動它時, 只需輸入:

執行

```
git mergetool
```

就會開啟 KDiff 顯示偵測到合併衝突：

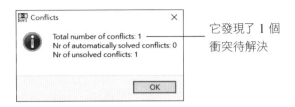

它發現了 1 個
衝突待解決

　Kdiff 的主畫面會顯示差異比較的視窗, 一一列出產生衝突的那些分支內的程式, 並標示主要的衝突位置：

main 主分支在併入其他分支內容前, 內容是空的

Base 就表示 main 主分支　　　　在操作 Book 分支時加了一行

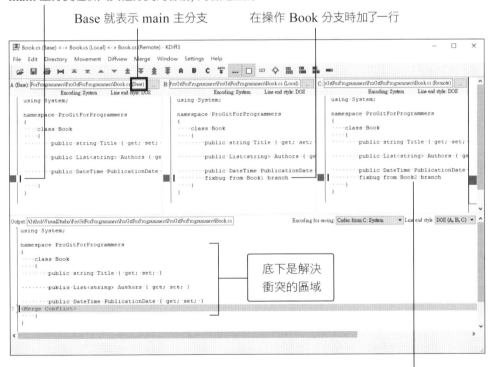

底下是解決
衝突的區域

在操作 Book2 分支時, 於同一位
置加了一行, 這就是衝突的來源

　　從上方標示的不同程式內容可以看出, 顯然, 同一個檔案被修改到了, 而 Git 幫我們揪出了這些衝突。

Kdiff3 會在下半部提供解決衝突的區域, 簡單來說, 下方就是您打算將程式統一成什麼樣子, 在此可以手動修改, 或者如下用選的也可以:

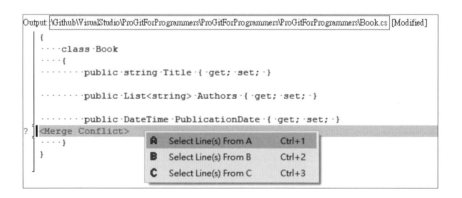

```
Output: \Github\VisualStudio\ProGitForProgrammers\ProGitForProgrammers\ProGitForProgrammers\Book.cs
    using·System;

    namespace·ProGitForProgrammers
    {
    ····class·Book
    ····{
    ········public·string·Title·{·get;·set;·}

    ········public·List<string>·Authors·{·get;·set;·}

    ········public·DateTime·PublicationDate·{·get;·set;·}
?   <Merge·Conflict>
    ····}
    }
```

標示 Merge Conflict 就是發生衝突的位置

在上圖 Merge Conflict 這一列按右鍵時, 就可以選擇要用哪個窗口 (上面 A、B、C 窗口) 的內容做為最終內容:

```
Output: \Github\VisualStudio\ProGitForProgrammers\ProGitForProgrammers\ProGitForProgrammers\Book.cs [Modified]
    {
    ····class·Book
    ····{
    ········public·string·Title·{·get;·set;·}

    ········public·List<string>·Authors·{·get;·set;·}

    ········public·DateTime·PublicationDate·{·get;·set;·}
?   <Merge·Conflict>
    ····}          A  Select Line(s) From A    Ctrl+1
    }              B  Select Line(s) From B    Ctrl+2
                   C  Select Line(s) From C    Ctrl+3
```

選擇之後, 同樣可以再手動修改 (上面用選的只是為了省事):

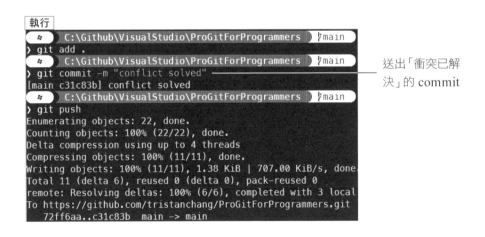

```
Output: \Github\VisualStudio\ProGitForProgrammers\ProGitForProgrammers\ProGitForProgrammers\Book.cs [Modified]
    {
    ....class ·Book
    ....{
    ........public ·string ·Title ·{ ·get; ·set; ·}

    ........public ·List<string> ·Authors ·{ ·get; ·set; ·}

    ........public ·DateTime ·PublicationDate ·{ ·get; ·set; ·}
B |........fixbug ·from ·Book1 ·branch
    ....}
    }
```

把程式修改成正確的內容, 例如這
裡以 Book 分支的程式為最終版本

　　完成後, 請記得在 Kdiff 內儲存檔案, 接著就可以關閉 Kdiff 視窗了。好
了, 現在程式內容的衝突已經解決, 別忘了送出 commit 或者 push 到 Github
伺服器:

```
執行
 ⚡ C:\Github\VisualStudio\ProGitForProgrammers        ⚘main
) git add .
 ⚡ C:\Github\VisualStudio\ProGitForProgrammers        ⚘main
) git commit -m "conflict solved"                              送出「衝突已解
[main c31c83b] conflict solved                                 決」的 commit
 ⚡ C:\Github\VisualStudio\ProGitForProgrammers        ⚘main
) git push
Enumerating objects: 22, done.
Counting objects: 100% (22/22), done.
Delta compression using up to 4 threads
Compressing objects: 100% (11/11), done.
Writing objects: 100% (11/11), 1.38 KiB | 707.00 KiB/s, done.
Total 11 (delta 6), reused 0 (delta 0), pack-reused 0
remote: Resolving deltas: 100% (6/6), completed with 3 local
To https://github.com/tristanchang/ProGitForProgrammers.git
   72ff6aa..c31c83b  main -> main
```

　　經此解決後, 本次實作的 main 主分支跟 Book 分支就會統一成剛才您
所指定的程式內容, 至於引發這場合併衝突的 Book2 分支, 之後則應該避免
在同一檔案上進行開發, 避免再次產生衝突。

除了用 Kdiff3 來解決合併衝突外, 若您是用其他程式開發工具來撰寫程式, 在衝突發生時, 也會出現類似下方的畫面, 要您修正衝突的程式內容:

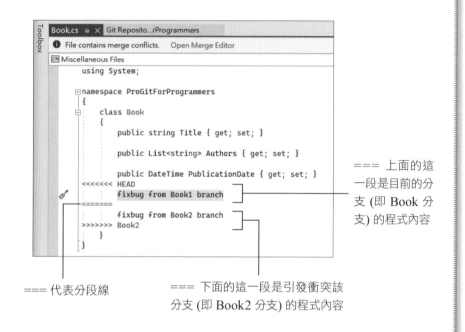

```
Book.cs  ⊡ ✕   Git Reposito...rProgrammers

ⓘ File contains merge conflicts.    Open Merge Editor

Miscellaneous Files

    using System;

  □namespace ProGitForProgrammers
  │ {
  □     class Book
  │ ┆     {
  │ ┆         public string Title { get; set; }
  │ ┆
  │ ┆         public List<string> Authors { get; set; }
  │ ┆
  │ ┆         public DateTime PublicationDate { get; set; }
  <<<<<<< HEAD
            fixbug from Book1 branch
  =======
            fixbug from Book2 branch
  >>>>>>> Book2
  │ ┆     }
  │ }
```

=== 上面的這一段是目前的分支 (即 Book 分支) 的程式內容

=== 代表分段線

=== 下面的這一段是引發衝突該分支 (即 Book2 分支) 的程式內容

在上圖的程式編輯區中, 您可自行將 Git 自動產生的標示 (例如 <<<< Head、=====、>>>> Book2 等等) 刪除, 簡言之將程式改成正確的內容就可以了。修改後, 同樣進行 commit、push 等操作即可。

4.4 認識合併時的 Git 訊息

在使用 command line 工具執行 git merge 時, 通常會看到 Git 額外顯示的訊息, 若用 GUI 工具操作則可能不會看到。這些訊息雖然不會影響合併的結果, 但還是有必要稍微熟悉一下。

4.4.1 Fast-forward (快轉) 合併

合併分支時有很多訊息都只會顯示在 command line 介面, 例如在合併分支時, 有時候會看到 Git 顯示 **Fast-forward** 訊息, 這表示 Git 使用了 Fast-forward (快轉) 合併, 但這是什麼意思呢?

執行

```
C:\Github\CommandLine\ProGitForProgrammers          main
) git merge Cat
Updating fc27e31..078b2ca
Fast-forward
 cat.html | 1 +
 1 file changed, 1 insertion(+)
 create mode 100644 cat.html
```

Git 告知是以 Fast-forward 的方式合併

快轉合併的意思是這樣的:假設現在的分支狀況如下圖所示, 也就是原先 Main 主分支的歷程前後共提交了兩個 commit, 此時 Main 的操作就停了, 後來開了 Feature1 分支, 並陸續在 Feature1 分支上提交了 3 個 commit:

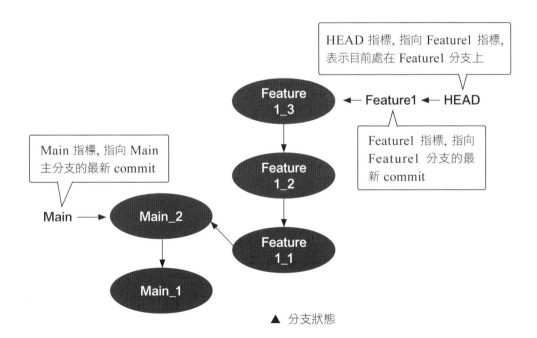

▲ 分支狀態

現在想要將 Feature1 合併回 Main。請注意, Feature1 當初是從 Main 分叉出去的分支, 在這種情況下, 上圖那 5 個圈圈依箭頭倒回看去, 整體就是一條「**從 Main 的第一個 commit 一直到 Feature1 最新一次 commit**」的連貫路徑, 當路徑像上圖一樣單純 (編:之後會看到不單純的), 而要做合併時, Git 要做的就是將 Main 指標直接「貼」到 Feature1 最新的 commit 那邊, 白話來說就是「**Main 直接接收 Feature1 分支建立以來的那 3 個 commit**」, 即 Main 主分支的最新內容將會是 Feature1 分支最新的那個 commit, 如此就完成了合併。

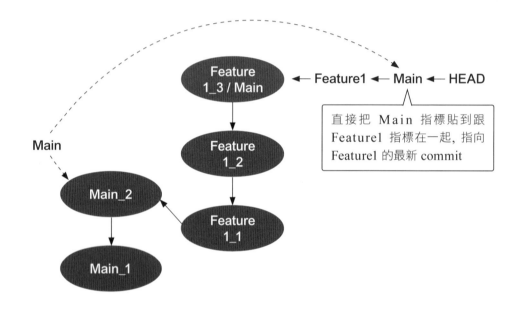

由於 Git 所做的就只是將 Main 指標貼到分支的最新一次 commit, 以此做合併。就分支歷程圖的「改變」來說就這麼簡單扼要, 因此 Git 將這樣的合併方式 (註:Git 稱之為 strategy 策略) 稱為 Fast-forward (快轉)。

⭐ **小編補充** 剛開始學 Git 可能看不太習慣前面這樣的分支狀態圖, 不就是簡單的合併, 幹嘛需要了解各指標移來移去的過程？就結果來看, 合併的結果或許挺單純的, 因為白話來說就只是把 Feature1 的修改情況 (例如新增一個程式, 或者修改一段程式), 套回去 Main 主分支。那為什麼需要知道以上這些？那是因為我們在操作 Git 的過程中, 不管是用 command line 工具或是圖形介面工具, 都會記錄 commit 的演進歷程, 操作時很容易看到這些指標, 因此還是得稍微了解一下, 也避免需要細究時完全看不懂！

舉個例子, 例如底下是「Cat 分支建立後, 接著產生兩個 commit, 最後合併回 main 主分支」的歷程示意圖, 底下分別列出您會在 GUI 工具跟 command line 上頭看到的樣子：

main 指標, 位於 main 主分支最新的 commit 那一列　　　Cat 指標, 位於 Cat 分支最新的 commit 那一列　　　在 Cat 分支上產生這兩個新的 commit

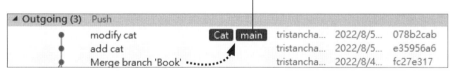

▲ Fast-forward 合併前 (Visual Studio 畫面)

合併後, main 指標直接移到跟 Cat 指標一樣的位置

▲ Fast-forward 合併後 (Visual Studio 畫面)

在 Cat 分支上產生這兩個新的 commit　　　合併後, main 指標直接移到跟 Cat 指標一樣的位置

▲ Fast-forward 合併前 (command line 畫面)　　　▲ Fast-forward 合併後

4.4.2 非快轉合併

上面範例中, Feature1 分支是從 Main 主分支的最新 commit 處開始分出去的, 但如果之後有其他專案成員在你合併之前, 先將一個 Feature2 分支合併回 Main 中, 那整體來看你的 Feature1 分支歷程圖就會有所改變, 變成底下這樣:

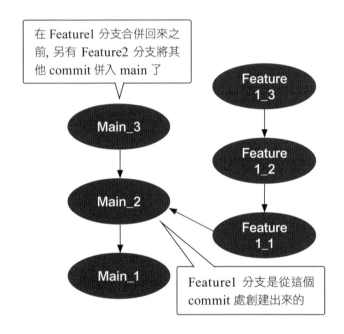

在這種情況下, 我們先不管上面這個分支歷程圖在執行合併時會如何改變, Main 合併兩分支的最終結果一樣很單純:

❶ **Feature2 併回 Main**:也就是將 Feature2 的變更反應回 Main。

❷ **Feature1 併回 Main**:也就是將 Feature1 的變更反應回 Main。

從結果來看滿理所當然的, 只是對 Git 的 commit 歷程標示來說, 當 Feature1 要合併回 Main 主分支時, 由於受到「**Feature2 分支已於事前跟 Main 做合併**」的影響, 導致 Feature1 併回 Main 主分支的合併策略就無法 再用 Fast-forward, 此時 Git 會「自動」建立一個新的 commit, 並將 Main 指標貼到此 commit 處, 如下圖這樣:

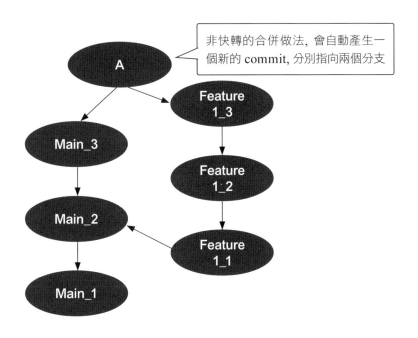

Feature2 建立後, 也產生兩個 commit ━━━

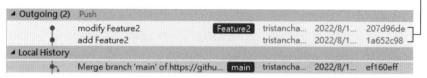

這兩個分支就像平行線一樣, 彼此沒有相干, 我們來看兩者各自合併回 main 主分支時, 分支歷程圖會有什麼變化:

❶ 假設 Feature2 先合併回 main 主分支, 這很單純, Git 會採用 Fast-forward 的方式合併, 這前面已經看過了

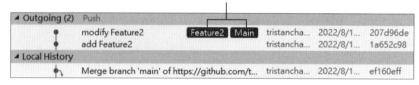

❷ 接著, 要把 Feature1 合併回 Main 主分支時, 受到「Feature2 分支已於事前跟 Main 做合併」的影響, Git 會自動建立一個新的 commit (訊息也是自動寫好的), 並將 Main 指標貼到此 commit 處

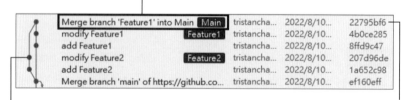

爾後在分支歷程圖看到產生像這樣的 小耳朵, 就知道 Git 做的是非快轉合併

新的 commit

如果是在 command line 工具操作, 顯示的訊息會更清楚:

接下頁

4-26

Feature2 分支併回 Main 主分支, 顯示 Git 採用 Fast-forward 的方式合併

之後 Feature1 分支併回 Main 主分支時, 顯示採用非 Fast-forward 的方式 (如此處 Git 稱為 'ort' 的策略)

重申一下, 單從合併的結果來看, 情況都很單純, 至於是用 Fast-forward 合併或非 Fast-forward 合併, 一般都是交由 Git 視當下的狀況自己去決定 (也可以用語法強制以非 Fast-forward 合併, 在此不討論); 我們通常只需專注在要獲得怎樣的合併結果, 至於合併的細節 (Git 稱為 strategy) 交給 Git 負責即可。我們只希望你了解這些合併策略的差異會反應在分支歷程圖, 知道這樣就夠了。

　　最後要講的是, 非快轉合併的方法額外新增了一個新 commit, 隨著時間推移, 若有很多這種相對無意義的 commit 就會使分支歷程紀錄變得混亂, 要解決這個問題的方法就是 rebase 合併, 下一章就會介紹。

4.5 避免合併衝突的幾個建議

如果你身處團隊之中, 合併的衝突幾乎是無法避免的, 底下提供幾個作者的經驗供讀者參考:

● 儘量不要讓不同的開發人員在同一檔案上開發。

● 非常頻繁的將 main 合併到你的功能分支中。請注意, 不是將你的功能分支合併到主分支中 (這是新功能開發完要做的事), 而是相反, 將 main 主分支合併至你的功能分支, 用意是取得 main 主分支的最新情況, 萬一有衝突, 你就可在功能分支上第一時間解決然後繼續開發。

4.6 ◆小編補充 利用 GitHub 的 Pull Request 功能完成多人協同檢視、合併

Pull Request (拉取請求, 簡稱 PR) 是 GitHub 上十分著名的開發者互動功能, 大致的概念是:**「請檢查我寫的程式碼, 如果你覺得它沒問題, 可以合併到你的程式內」**。這個機制常用在開發者之間的交流, 例如開發者 A 抓 (GitHhub 稱為 Fork) 開發者 B 公開在 GitHub 的程式下來後, 幫忙找到了 bug, 或覺得某某地方換個寫法會更好, 改完後, 開發者 A 就發送一個 Pull Request 給開發者 B, 通知他「我改了你的程式, 看完若沒問題歡迎採用」, 這就完成了良好的互動。也有很多開發者會利用這樣的機制來累積貢獻積分, 豐富自己的 GitHub 履歷。

> 當然, 在開發者 B 答應採用前, 他原本儲存庫內的程式絲毫不會有改變, 因為開發者 A 一開始所抓取 (Fork) 的只是儲存庫的副本而已。

本書的情境是只有一個公用的 GitHub 雲端儲存庫, 由不同開發人員共同 clone 下來維護, 雖然與常見的 Pull Request 的用法有不同, 但此功能的妙用無窮, 延續前面的例子, 假設您在某分支撰寫好程式後, 可以先上傳到 GitHub, 然後建立一個 Pull Request 邀請其他專案成員來檢視您所 push 的分支內容。更方便的是, 若內容沒問題, 甚至可以在 GitHub 上就完成「將分支併入 main」的合併操作, 算是以一個不同的工作流程做到 4.1 節～ 4.2 節所完成的事。就跟著我們一起看看怎麼用 Pull Request 吧!

4.6.1 情境：您完成分支開發, 並準備 push 上 GitHub

假設目前的進度是您已經完成分支的開發, 在名為 newFeature 的分支上提交了最新一次 commit, 啟動 Pull Request 的第一步就是將目前分支的修改內容 push 上 GitHub (編：讀者可參考下圖產生分支、簡單的程式及 commit, 再展開後面的實作):

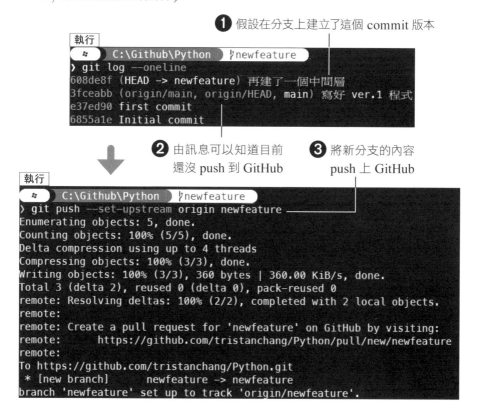

4.6.2 到 GitHub 網站發起一個 Pull Request 審查要求

當您的 newfeature 分支內容上傳到 GitHub 後, GitHub 會自動偵測到, 並出現 Pull Request 的按鈕。第一步請連到公用的 GitHub 儲存庫, 如下操作來發起一個 Pull Request 審查要求:

偵測到剛 push 上來的 newfeature 分支內容　　　　　　❶ 點擊出現的按鈕

❷ 可以在此針對此審查
　要求做些補充說明

❸ 完成後點擊此按鈕, 這樣就
　發起了一個 Pull Request 了

❹ 之後請點擊此頁次, 可以在此看到此審查要求的進展

在 **Conversation** 子頁次可以查看專案成員間的交流對話

目前的對話內容

4.6.3 邀請其他成員審查您的 Pull Request 內容

　　之後只要是擁有 Python 儲存庫取用權限的人, 登入他們自己的 GitHub 帳號後就可以參與這個 Pull Request 的審查 (若儲存庫是設為私有, 要先到 GitHub 儲存庫的「Settings / Collaborators」輸入其他 GitHub 帳號來發出存取邀請)。此例假設您已邀請您的專案成員前來查看, 底下是他們會看到的畫面:

❶ 登入 GitHub 後, 連到儲存庫

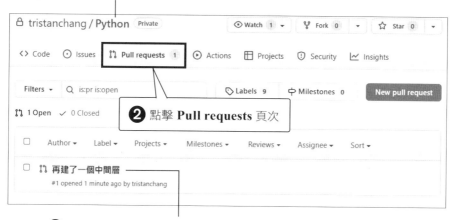

❷ 點擊 **Pull requests** 頁次

❸ 可以看到進行中的 Pull Request 項目, 請點擊它

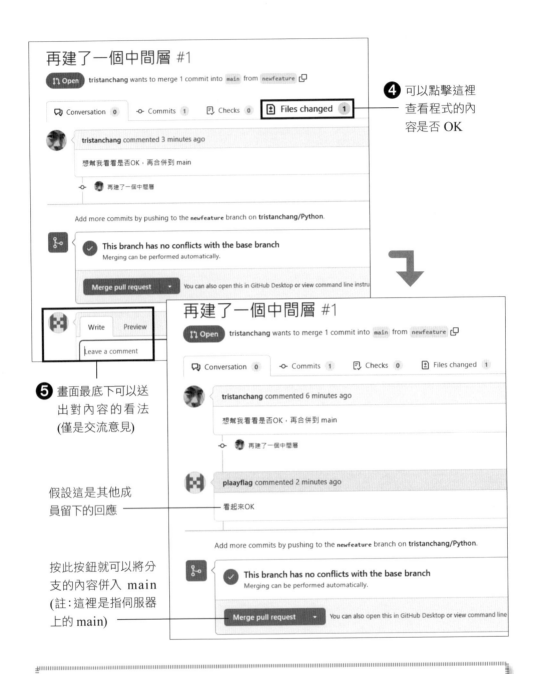

❹ 可以點擊這裡
查看程式的內
容是否 OK

❺ 畫面最底下可以送
出對內容的看法
(僅是交流意見)

假設這是其他成
員留下的回應

按此按鈕就可以將分
支的內容併入 main
(註：這裡是指伺服器
上的 main)

請注意，上面這個 **Merge pull request** ▾ 按鈕在「原開發者」或者「協助審查者」的畫面上都會看到，而且無論哪一方都有權限執行，不過此項操作要在哪一邊執行，就看專案的權限是怎麼分配的。

4.6.4 結束審查, 直接在 GitHub 上將分支併入 main

當專案成員的交流結束, 確認沒問題後, 也可以直接將 newfeature 的內容併入伺服器上的 main (若有問題, 開發者就得重新修改後, 照先前的步驟再另外發起一個新的 Pull Request):

1 此例假設沒問題, 點擊這裡準備進行合併 (假設是由開發者執行此操作)

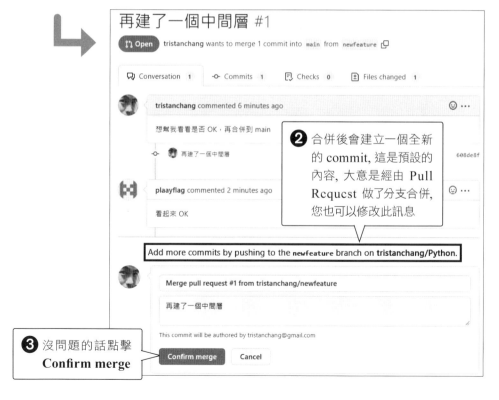

2 合併後會建立一個全新的 commit, 這是預設的內容, 大意是經由 Pull Request 做了分支合併, 您也可以修改此訊息

3 沒問題的話點擊 **Confirm merge**

④ 成功透過 Pull Request 在 GitHub 上
   把 newfeature 分支併入 main 主分支

4.6.5 小結

我們最後做個整理, 別忘了, 以上這些合併操作都是在 GitHub 遠端儲存庫完成的, 本端儲存庫這一端還不是「newfeature 分支併入 main」的狀態, 若想進行同步, 很簡單, 從 GitHub 把最新狀態 pull 下來就好了:

① 在本機儲存庫這邊切換到 main 主分支

⑤ 再查看一次狀態   ⑥ 合併的內容出現了!

由此可知, Git 的工作流程是很多樣性的, 像是 4.1~4.2 節是正規的先在本機端開發好分支 → push 到伺服器供人審閱 → 在本機端進行合併 → 再將結果 push 上伺服器同步。而 4.6 這一節的做法則是大部分在伺服器端就完成了, 要怎麼做就看讀者們的需求了。

4.7 協同開發實戰觀摩

　　熟悉合併分支後, 本節來看個雙人合作開發的實戰演練吧！主要可以見識到專案參與者如何管控自己負責開發的分支, 並且在有需求時, 透過 merge、push、pull 等操作和其他專案成員互動 (編: 這個演練讀者不一定要跟著操作, 但鼓勵讀者參考截圖試著揣摩如何製造出操作的情境, 反覆操作之間可以對 Git 的功能更純熟)。

　　這裡的情境是假設 John 和 Sarah 合力開發一個專案, 這個專案準備開發一個有「計算機」和「華氏攝氏溫度轉換」功能的 UitlityKnife 程式。我們先整理出這個演練大致會做的事:

　　首先在 GitHub 上建立設置一個新的 UtilityKnife 公用儲存庫, 接著 John 跟 Sarah 各自 clone 回自己的電腦資料夾。然後讓一個人先用 UtilityKnife 名稱建立一個專案, 提交變更並 push 這個專案上 Github, 另一個人就可以 pull 下來做後續開發。

　　當兩位開發人員都有一個主分支, 上面有一些程式後, 接著讓兩位開發人員建立自己的功能分支, Sarah 建立 Calulator 分支來開發計算機, John 建立 temperatureConverter 分支來開發溫度轉換器。過程中, John 的溫度轉換器程式會想要使用 Sarah 的計算機程式當中的 method, 此時雙方就需要透過合併分支、push 上 GitHub、從 GitHub pull 下來以達成目的。

4.7.1 設置一個新的儲存庫並複製到兩個不同的資料夾

首先, 在雲端 (GitHub) 建立一個名為 **UtilityKnife** 的儲存庫:

建立新儲存庫

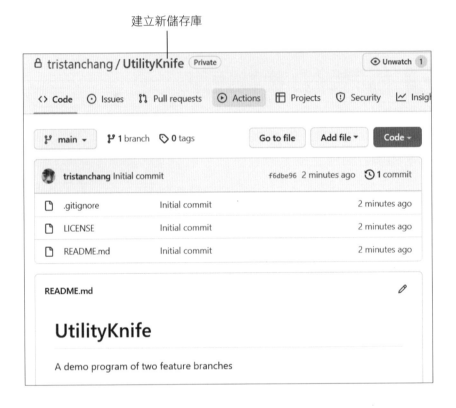

　　一開始, John 將雲端儲存庫 clone 回自己的電腦的 John 資料夾, 他慣用的是 command line 工具:

John 複製雲端儲存庫回 C:\Github\John 資料夾

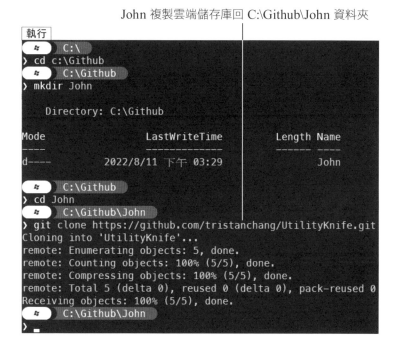

而 Sarah 則喜歡用 GUI 工具來操作。她在 Visual Studio 上執行「**File / Clone Repository…**」命令：

執行此命令

這會開啟一個對話視窗，把從 GitHub.com 上取得的 UtilityKnife 儲存庫路徑貼上，並設定要放置的路徑：

點擊 **Clone** 按鈕，就會開始複製儲存庫，完成後，在 Solution Explorer 會顯示複製回來的儲存庫內容：

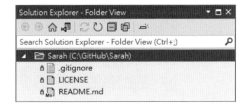

4.7.2 雙方在本機端儲存庫建立專案、提交變更、推送變更

首先 Sarah 在她的儲存庫建立一個新的專案：

❶ 建立專案

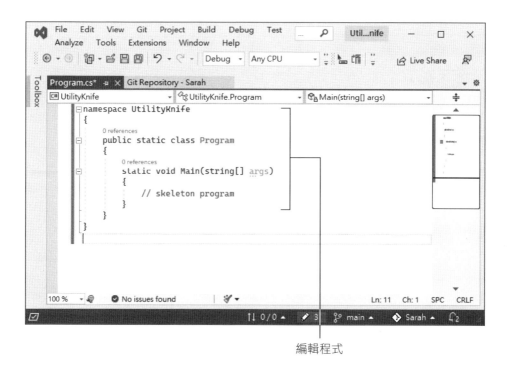

❷ 專案的位置存放在先前複製下來的 Sarah 儲存庫

專案建立完成後, Sarah 將 Program.cs 調整為如下內容：

編輯程式

編輯好後, 她用 **Git** 選單提交
這些變更:

執行此命令

這會打開 commit 視窗, 在裡頭填寫提交資訊, 然後單擊 **Commit All**:

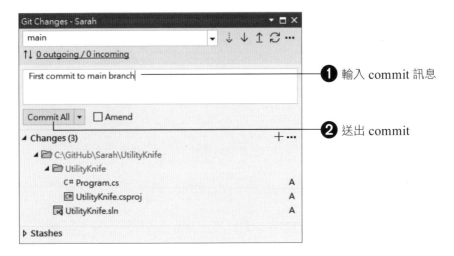

❶ 輸入 commit 訊息

❷ 送出 commit

完成後, 會提示已經在本機 (local) 端儲存庫建立了 commit, 並顯示有一
個 commit 提交已準備好推送 (1 outgoing):

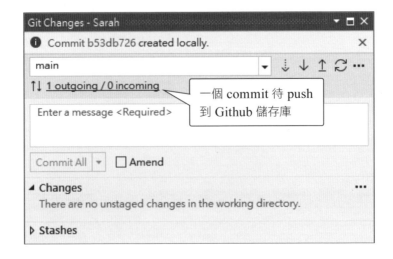

一個 commit 待 push
到 Github 儲存庫

　　點擊 push 按鈕 (向上箭頭) 就可以將 commit 推送到 GitHub 上的儲存庫。push 後會顯示成功訊息, 並提供建立 Pull request 的機會。Pull request 是 Git 提供的線上開發者互動機制, 意思是：「請檢查我的程式碼, 如果你覺得它沒問題, 就請將其 pull 下來到你的儲存庫」, 4.6 節會介紹此機制：

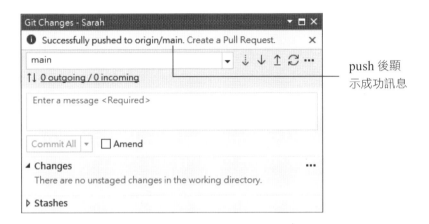

push 後顯示成功訊息

　　Sarah 現在有了一個初始的主分支, 並準備建立一個功能分支。在繼續之前, John 也在同時取得該 main 主分支：

John 從遠端儲存庫拉取最新內容

上圖中，John 先切換到本機儲存庫的路徑 C:\GitHub\John\UtilityKnife，然後執行 **git pull** 指令，取回 UtilityKnife 雲端儲存庫的最新檔案。

現在 John 和 Sarah 都有相同的 UtilityKnife 初始程式了。

4.7.3 兩位開發人員各建立一個功能分支，然後各自在分支中開發自己負責的程式，並頻繁 commit

■ John 的操作

慣用 command line 工具的 John 使用 **checkout -b** 指令建立並切換到他的溫度轉換器功能分支：

建立新分支

John 現在準備開始在 temperatureConverter 分支上開發程式。先建立一個 Converters 子資料夾，然後在資料夾中建立 FahrenheitToCelsius.cs 程式：

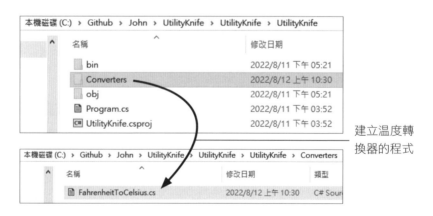

建立溫度轉換器的程式

在程式中撰寫類別框架及第一個 method：

```
namespace UtilityKnife.Converters
{
    public class FahrenheitToCelsius
    {
        public double FahrenheitToCelsiusConverter (double
                                          fahrenheitTemp)
        {
            double _fahreneithTemp = 0.0;
            double _celsius = 0.0;
            return _celsius;
        }
    }
}
```

儲存程式後, 送出 commit：

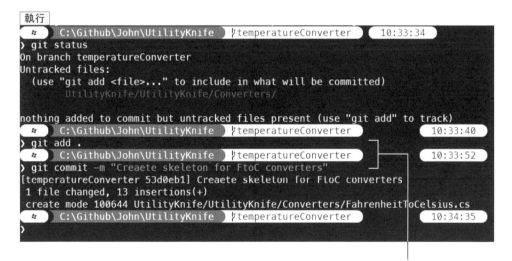

add 並送出 commit

上圖中, 首先用 git status 取得狀態, 表示有一個未追蹤檔案, 因此要把該檔案加入索引 (記住「add.」意味著將所有未追蹤和變更的檔案添加到 staging area 整備區中) 然後提交它, 並新增一條 "Creaete skeleton……" 的 commit 訊息。若發現 commit 訊息拼錯了 (如上圖將 Create 不小心拼成 Creaete), 我們可以用一個新指令來解決這個問題：**amend**。在 push 之前, 我們先輸入 --amend 並使用 -m 來修改 commit 訊息：

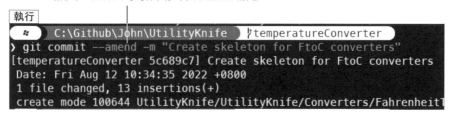

　　用 log 查看, 可以會看到修正後的正確 commit 訊息：

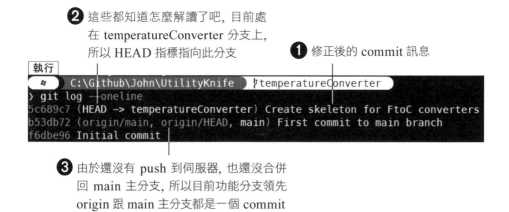

　　John 決定將他的 commit 提交從本機儲存庫推送到 origin (GitHub 儲存庫)。然而當嘗試推送時, Git 告訴他伺服器不認得他的分支, 但 Git 很貼心地提供了正確指令：

```
> git push
fatal: The current branch temperatureConverter has no upstream branch.
To push the current branch and set the remote as upstream, use

    git push --set-upstream origin temperatureConverter
```

嘗試 push 但失敗, Git 提示正確的指令

執行

```
      C:\Github\John\UtilityKnife    temperatureConverter
> git push --set-upstream origin temperatureConverter
Enumerating objects: 9, done.
Counting objects: 100% (9/9), done.
Delta compression using up to 4 threads
Compressing objects: 100% (6/6), done.
Writing objects: 100% (6/6), 688 bytes | 688.00 KiB/s, done.
Total 6 (delta 1), reused 0 (delta 0), pack-reused 0
remote: Resolving deltas: 100% (1/1), completed with 1 local object.
remote:
remote: Create a pull request for 'temperatureConverter' on GitHub by visiting:
remote:       https://github.com/tristanchang/UtilityKnife/pull/new/temperatureConverter
remote:
To https://github.com/tristanchang/UtilityKnife.git
 * [new branch]        temperatureConverter -> temperatureConverter
branch 'temperatureConverter' set up to track 'origin/temperatureConverter'.
```

輸入正確的指令
後, 成功 push

與此同時, Sarah 已經開始開發 Calculator 類別。

■ Sarah 的操作

　　首先, Sarah 在 Visual Studio 中執行「**Git / new branch**」來建立分支,
通常是基於 **main** 來建立分支 (意思是剛建立好的分支內容會跟 main 當下
的內容一樣, 爾後如果你有多個分支, 可以基於其中任何一個建立分支) :

建立新分支

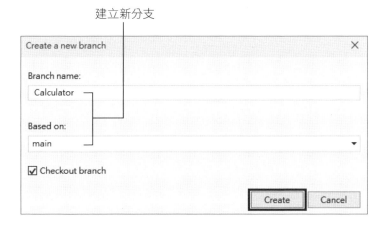

Sarah 現在已經準備好開發了, 處於自己的 Calculator 分支上, 無論她寫什麼都不會影響 John 的程式 (或自己 main 上的程式)。她甚至看不到 John 剛才新增的相關內容, 因為在利用 GitHub 儲存庫同步之前, 這些程式是處在各自的電腦上。

Sarah 負責的是計算機功能, 因此她在自己的資料夾中新增 Calculator 類別的程式框架, 並撰寫 Add 這個 method：

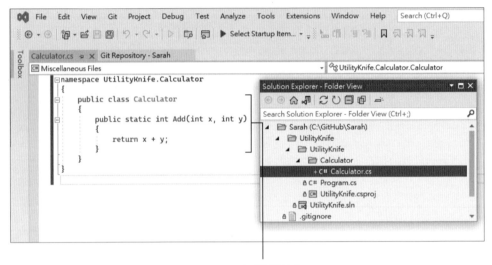

Sarah 撰寫程式

Sarah 接著要在本機儲存庫送出 commit, 但跟 John 不同的是, 她先不將 commit 推送到 GitHub 伺服器, 意思就是程式將只存在於她的本機儲存庫。

執行「**Git / Commit or Stash**」, 輸入 commit 訊息後, 點擊 **Commit All**：

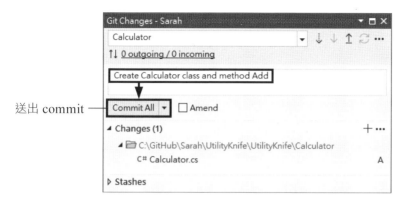

送出 commit ─── 〔指向 Commit All〕

如上所述, 這會把她的 commit 存入本機儲存庫。

4.7.4 經常將主分支合併到功能分支, 確保如果有衝突, 可以及早發現

■ John 端的操作

回到 John 這端, 他習慣經常性地把 main 合併到他的分支中, 確保及早發現是否有什麼衝突或錯誤。為此, 他切換到 main 主分支, 先執行 pull 進行更新, 然後再切換回他的功能分支並輸入 merge main:

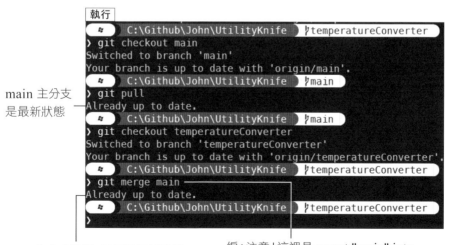

main 主分支是最新狀態 ─── 〔指向 git pull Already up to date.〕

沒什麼問題, 已經是最新狀態

編:注意!這裡是 mergt "main" into "temperatureConverter", 是誰併入誰要理清楚喔!

其實從剛才一路做下來我們知道，main 自從 John 建立分支後就沒有改變，因此將 main 併入分支自然沒什麼問題產生，總之，經過合併後，temperatureConverter 分支沒有任何變化，仍然是最新的開發內容。

> ★ 小編補充 先暫停一下整理目前 John 這一端的情況，目前 temperature_ Converter 分支已經建立了 FahrenheitToCelsius.cs 程式，不過 John 還沒有將 temperatureConverter 分支合併回 main 喔！意思就是若切換回 main，是不會看到這支 FahrenheitToCelsius.cs 程式的。

將 temperatureConverter 分支併回 main

過了一陣子，John 決定將他的功能分支合併回 main 主分支，他所要做的就是顛倒 merge 的順序：

先切換到 main，再執行此指令，表示 merge
temperatureConverter into main

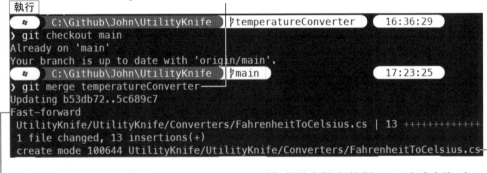

如 4.4 節的說明，可看到 Git 是用快轉方式合併

編：經此合併，切換到 main 主分支後，也可以看到剛才在分支上撰寫的新程式了

將最新的 main 內容與 Github 伺服器同步

最後，John 執行 push 指令，更新 GitHub 上面的 main 分支：

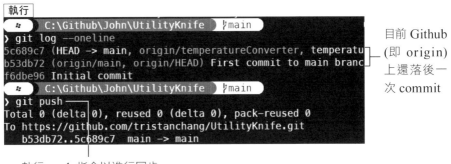

執行 push 指令以進行同步

目前 Github
(即 origin)
上還落後一
次 commit

■ Sarah 端的操作

取得 GitHub 上 main 分支的最新內容

　　Sarah 已經休息了一段時間, 現在她已準備繼續工作了。謹慎起見, 她首先想將 GitHub 上的 main 合併到她的功能分支, 以確保沒有衝突。請記住, John 和 Sarah 或許熟的不得了, 但他們可不會在每次 commit 提交或合併時互相通知對方, 因此, 彼此都養成開發時頻繁將 main 合併到自己功能分支的習慣。

　　首先, Sarah 切換到 main 主分支並執行 pull 以獲取 GitHub 上的最新檔案：

❶ 執行 Pull 拉取最新內容

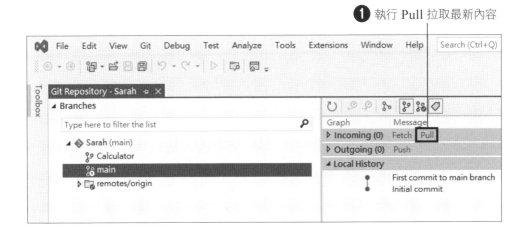

❷ 此操作會將剛才 John 撰寫的那個 commit (即 Converters/
FahrenheitToCelsius.cs 程式) 併入 Sarah 的 main 分支

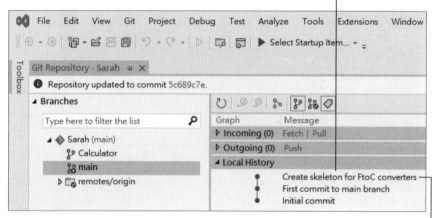

新的!

將 main 併入 Calculator 開發分支

接著, Sarah 切換到自己的 Calculator 分支, 然後右鍵單擊 main:

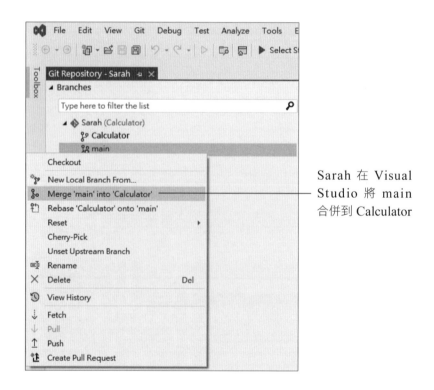

Sarah 在 Visual
Studio 將 main
合併到 Calculator

再次提醒, 她選擇 **Merge 'main' into 'Calculator'**, 這樣的順序不是把 Calculator 分支所做的變更合併到 main 中, 而是相反地取得 main 的最新版本, 然後將其合併到自己的 Calculator 功能分支中。

Visual Studio 很謹慎, 詢問是否確定要合併:

確認執行的操作是否是 Sarah 要的

點**是(Yes)** 後就會合併。現在, 請回想剛剛 John 所完成的工作 (即 FahrenheitToCelsius.cs 程式), 由於這些跟 Sarah 的工作沒有衝突, 因此 Visual Studio 告訴 Sarah 合併成功:

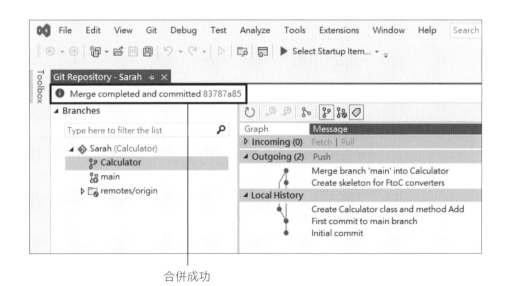

合併成功

將 main 合併到 Calculator 會將 main 中所有程式都引入, main 中的關鍵是 John 所做的內容 (即 Converters/FahrenheitToCelsius.cs), 因此現在在 Calculator 分支, Sarah 可以看到 John 的程式內容：

這是 Sarah 自己撰寫的

現在 Sarah 取得了 John 所撰寫的程式內容

請注意, 由於 Sarah 尚未將她的程式合併到 main 中, 也沒有同步到伺服器, 因此反過來, John 不會知道 Calculator 類別的存在, 如果我們在 John 的程式資料中檢視, 只會有 John 自己寫的 Converters, 不會有 Sarah 寫的 Calculator：

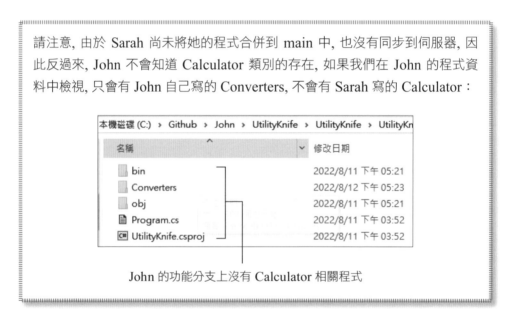

John 的功能分支上沒有 Calculator 相關程式

■ 確認 GitHub 上的最新情況

讓我們暫停一下, 想想 GitHub 上現在是甚麼情況。Sarah 已經提交了她的變更 (Calculator), 但還沒有 push, 因此 GitHub 不會知道 Calculator 這

個分支。而 John 已經 push 了他的變更並將它們合併到 main 中, 因此, 我
們預計現在 GitHub 上應該會有兩個分支, 一個是 main, 一個是 John 的
Converter, 而且經過 John 的合併、上傳操作, 現在這兩個分支應該是相同
的:

在 Github 的 UtilityKnife 儲存庫上點擊 main

目前的分支的情況

這是來自 John 的合併

4.7.5 John 正在開發溫度轉換器, 他準備從計算機借用程式, 需要 Sarah 的配合

■ Sarah 的操作

在接下來的 4 次 commit 中, Sarah 用減法、乘法、整數除法和除法新
增了計算機功能。不過她還沒有 push 這些變更:

新增功能

Sarah 送出 4 個 commit
到本機端儲存庫

■ John 的操作

John 想要實作一個華氏 212° (水的沸點) 轉回攝氏 100℃ 的測試案例，華氏轉攝氏的公式是：$(F - 32) * 5/9$，需要用到減法、乘法和除法，為此，他可以使用內建的減法和除法運算子，但他想要用 Sarah 計算機程式裡面的 method，為此，他需要取得 Sarah 撰寫的程式內容。

取得最新的 main 內容

首先，John 試著 pull 伺服器上的內容，並將 main 合併到他的 temperatureConverter 分支中：

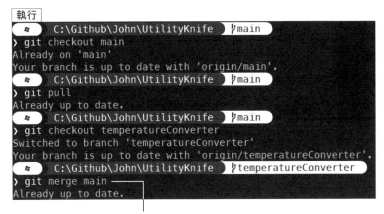

取得 GitHub 的最新 main 內容後, 合併到自己的工作分支

　　一切都沒有變化。temperatureConverter 已經是最新的了, 而且和 main 之間沒有差別, 藉此他知道他需要的計算機功能還沒有被 push 到 GitHub。

John 請 Sarah 將程式更新至 Github

　　現在 John 沒有他需要的功能, 他可以打電話給 Sarah, 請她 push 相關程式上 GitHub, 以便他可以將其 pull 下來, Sarah 回覆她還沒有準備好合併到 main, 但同意 push 她 Calculator 分支的 commit (編：讀者可以先思考看看 Sarah 這麼做對 John 是否有幫助)：

按此 Sarah 就可以將近期的 commit 推送到 origin

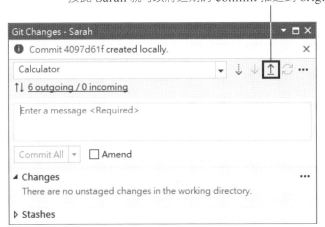

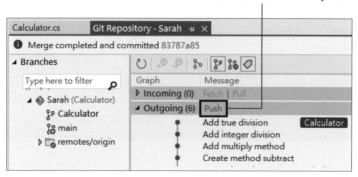

或者在「**Git / Manage Branches**」視窗檢
視完 commit 內容後, 按這裡也可以 push

John 試圖取得最新變更

在 Sarah 完成上述動作後, John 試圖取得最新的變更, 但遇到了一個問
題:

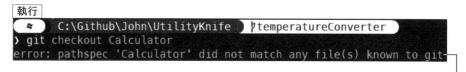

看不到 Calculator

會發生這個錯誤應該很合理吧!請讀者想一想, 儘管 Sarah 已經將最新
commit push 到伺服器, 但 John 還沒有執行 pull, 因此目前 John 的本機端
儲存庫應該完全不知道 Sarah 那邊所創的 Calculator 分支才是。有幾種方
法可以解決這個問題, 最簡單的方法是讓 Sarah 將她的工作合併到 **main**, 然
後 push 上伺服器:

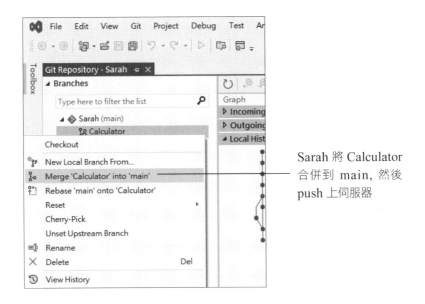

Sarah 將 Calculator
合併到 main, 然後
push 上伺服器

提醒一下：當 Sarah 將 Calculator 合併到 main 時, 還只是在**本機**執行此操作。她仍必須將這些變更 push 到 origin 才能對 John 有任何幫助, 很多初學者常會忘了這個同步的操作。

　　John 現在只要執行 pull 指令, 就可以取得 Sarah 那邊在 Calculator 分支所開發的程式了：

❶ 執行 pull

❷ 透過 GitHub 輾轉取得 Calculator 分支的程式了！

John 試圖修改 Sarah 所開發的 Calculator.cs 程式

　　John 取得 Sarah 開發的程式後, 他發現 Sarah 的 method 是用了整數, 而他需要的是雙精度數。他修改了 Calculator 類別 (如果你不熟悉以下 C# 程式, 請不要擔心, 這裡的重點是 John 已經做了變更):

```
namespace UtilityKnife.Calculator
{
    public static class Calculator
    {
        public static double Add (double x, double y)
        {
            return x + y;
        }
        public static double Subtract (double x, double y)
        {
            return x - y;
        }
        public static double Multiply (double x, double y)
        {
            return x * y;
        }
        public static int Division  (int x, int y)
        {
            return x / y;
        }
        public static double Division  (double x, double y)
        {
            return x / y;
        }
    }
}
```

修改程式

★編註 這樣的修改在日後也許會對 Sarah 端的開發產生影響, 就看 Sarah 屆時決定如何處理了, 通常就是發生衝突, 然後利用衝突工具解決。

　　John 本機的 main 主分支已經有他需要的程式，但現在它在錯誤的分支上，他還是習慣在 temperatureConverter 功能分支上開發，因此他將 main 合併到 temperatureConverter：

```
執行
  ▇  C:\Github\John\UtilityKnife  🖉 temperatureConverter  16:02:33
〉git checkout temperatureConverter
Already on 'temperatureConverter'
Your branch is up to date with 'origin/temperatureConverter'.
  ▇  C:\Github\John\UtilityKnife  🖉 temperatureConverter  16:02:39
〉git merge main
Updating 5c689c7..4097d61
Fast-forward
UtilityKnife/UtilityKnife/Calculator/Calculator.cs | 26 +++++++++++++++++
+++++
1 file changed, 26 insertions(+)
create mode 100644 UtilityKnife/UtilityKnife/Calculator/Calculator.cs
```

將 main 合併到 temperatureConverter

　　快速查看一下日誌，顯示 HEAD、origin/temperatureConverter、origin/main、origin/HEAD 和 origin/Calculator 都指向與 main 相同的提交！因此，John 的分支現在可以存取 Calculator 類別了：

```
執行
  ▇  C:\Github\John\UtilityKnife  🖉 temperatureConverter  16:02:45
〉git log --oneline
4097d61 (HEAD -> temperatureConverter, origin/main, origin/HEAD, origin/Ca
lculator, main, Calculator) Add true division
```

　　John 現在可回到他的程式並使用這些 Calculator.cs 裡面的 method：

```
namespace UtilityKnife.Converters
{
    public class FahrenheitToCelsius
    {
        public double FahrenheitToCelsiusConverter (double
                                                fahrenheitTemp)
        {
```
接下頁

```
            double _celsius = 0.0;
            // (F - 32) * 5/9
            var step1 = Calculator.Calculator.Subtract (
             fahrenheitTemp, 32);
            var step2 = Calculator.Calculator.Multiply (
             step1, 5.0);
            _celsius = Calculator.Calculator.Division (step2, 9.0);
            return _celsius;
        }
    }
}
```

John 在華氏轉攝氏的程式中，
使用 Sarah 開發的 method

　　Sarah 和 John 的開發工作還在繼續下去，不過本節的實戰規摩就先進行到這裡，希望藉此可以讓您了解專案參與者是如何管控自己負責開發的分支，並且在有需求時，如何透過 merge、push、pull 等操作和其他專案成員互動，例如本例 John 需要取得 Sarah 專案中內容這樣的需求。

5

rebase、amend 和 cherry-pick 指令

如果跟 Git 新手介紹 "rebase (重新定位)" 這個 Git 指令, 他們往往會尖叫著跑出房間, 這是因為很多書和網路文章介紹 rebase 時都是充滿技術性的描述。事實上 rebase 沒那麼可怕, 瞭解它的用途也不難, 在本章中, 我們將毫無畏懼的帶你認識 rebase。此外, 我們還將介紹 amend 和 cherry-pick 這兩個指令功能。

儘管 rebase、amend、cherry-pick 這三個 Git 指令用途不太一樣, 不過作者將它們一起介紹是有用意的, 它們一般被視為可以改寫 commit 歷史記錄 (Rewriting history), 這是三者的共同點。每個人都能使用它們來指定 commit 該如何被新增到儲存庫, 從結果來看這些將影響 commit 的歷程, 而歷程一旦被改變, 日後有需要合併、或者回溯某版本時, 結果也會不太一樣。

- **rebase** 是一個合併的指令, 從 commit 歷程來看, 用 rebase 做合併時, 會將一個功能分支接在另一個分支的頂端, 細節後面會詳細介紹。

- **amend** 是一個允許你修改 commit 的指令, 可以用來調整某 commit 所記錄下來的版本內容, 或修正送出 commit 時所附加的訊息。

- **cherry-pick** 也算是一個合併指令, 不過是可以選擇性的合併, 例如可以從某功能分支上挑一個或多個 commit, 將它們併回 main。

5.1 rebase 合併功能

5.1.1 rebase 的基本概念

　　從 commit 的歷程來看, 用 rebase 指令做合併是將 A 分支添加到 B 分支的尖端, 這裡的「尖端」指的是 B 分支中的最「新」的那一次 commit。這麼做的目的通常是想讓 A 分支取得 B 分支的最新內容。

　　例如, 假設有右邊的分支歷程圖:

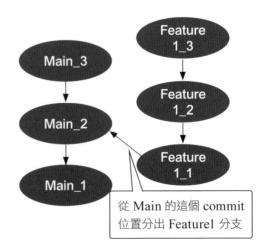

從 Main 的這個 commit 位置分出 Feature1 分支

　　這張圖我們在 4.4.2 節已經看過了，這裡不能執行 Fast-forward 合併，因為 Main 在 Feature1 分支被建立後 (那時是 Main_2 commit)，還繼續被更新了 (更新到 Main_3 commit)，這裡若用 git merge 來合併兩者，如 4.4.2 節所述，每次合併時，都會在 commit 歷程記錄添加一筆全新的 A commit：

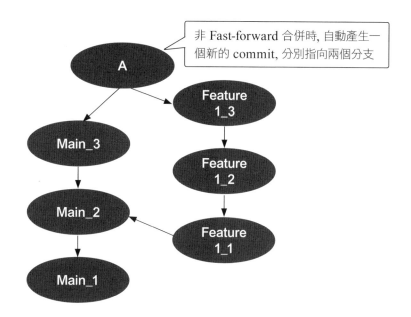

　　由於非 Fast-forward 方式做合併都會自動產生一筆新的 commit 紀錄，若有需要查看歷程時，往往得會看到一大堆這類 commit，讓 commit 歷程變得繁瑣，而 rebase 正可消除這種自動產生的 commit。簡單來說，改用 rebase 指令來合併可達到跟 merge 一樣的合併結果，差別是不會額外新增一個 commit 記錄。

　　回到上面這張圖的例子，我們來看若用 rebase 做合併，分支歷程圖會變成什麼樣子。

　　一開始我們要先釐清是誰併入誰。首先，若是用 merge 做合併，我們會說是「將 Feature1 分支併入 Main」，而若是用 rebase 指令的話，我們會改說是「**將 Feature1 的參考基準 (base) 從原先的 Main 重新定位 (即 rebase) 到最新的 Main**」。

★ 編註 這裡的「參考基準」，白話來話就是當初分支是從哪分出來的啦！

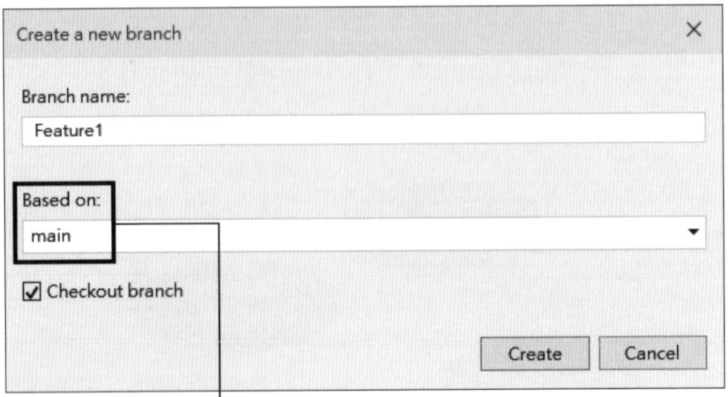

Create a new branch   ✕

Branch name:

Feature1

Based on:

main   ▾

☑ Checkout branch

                                        Create   Cancel

像是在 Visual Studio 中建立分支時，就會
詢問要基於 (Based on) 何處來建立分支

★ 編註 前面為什麼説「原先的 Main」跟「最新的 Main」呢？因為這
裡的例子是，原先 Feature1 分支的參考基準是 Main_2 這個版本，而在建立
Feature1 分支後，Main 繼續被更新了 (從 Main_2 版本更新到 Main_3 版本)，
此時若想用 rebase 做 Feature1 與 Main 的合併，就得將最新的 Main_3 列入
考量，因此 Git 的做法是「**重新定位 Feature1 的參考基準**」，從原先 Main_2
位置重新定位到 Main_3 位置 (也就是以最新的 Main_3 為參考基準 = 變成看
起來是從 Main_3 分出去的)。

經 rebase 合併後，會變成下圖這樣：

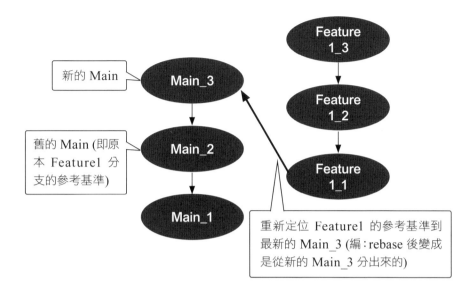

至此，我們可以說已經將 Feature1 重新定位到 Main 的尖端 (也就是 Main_3 這個 commit 版本)，完成了合併。rebase 主要就是這個概念而已。

5.1.2 rebase 的細節

一般來說，作者在用 Git 時，不太會花時間去研究 Git 內部是如何運作的，但 rebase 值得注意一下。延續前面的例子，以 rebase 指令來看 (後續操作時會看到)，等於是在做「**rebase Feature1 onto Main**」，為什麼是 "onto"，其實挺直覺的，因為從上圖來看，的確就是把 Feature1 接到最新那個 Main_3 的上頭。

> **★ 編註** 請注意，上述的 Rebase 'Feature1' onto 'main' 動作若以 merge 來看，會是 merge 'main' into ' Feature1'，也就是把 main 併入 Feature1 喔！不要搞反了，這裡是 Feature1 要取得 main 的內容。後續操作指令時要隨時搞清楚目的，才不會被指令的順序搞混。

雖然看起來是直接「接」上去沒錯, 但背後有其他細節喔!

例如在做「rebase Feature1 onto Main」時, 第一步, Git 會找到 Feature1 被分出來後所產生的「第一個」commit (編:最舊的那個 Feature_1 commit), 接著**複製一份並更換 ID**, 再接 (新增) 到 Main_3 上面, 作為最新的 commit。接著, 繼續找 Feature1 的下一個 commit (編:倒數第二舊的 Feature_2 commit), 同樣複製一份並更新 ID, 再新增到 Main 最後一個 commit 的尖端, 依此類推, 直到複製完 Feature1 最新的那個 Feature_3 commit 後, 就完成 rebase:

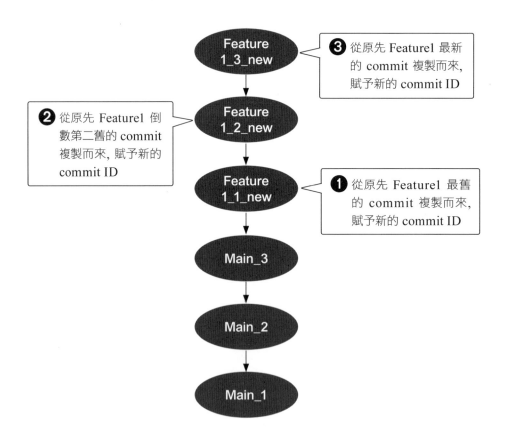

這邊的重點就是 Git 在合併的背後會複製 commit 的內容, 並賦予新的 commit ID。

■ rebase 的經驗談

● **盡早 rebase 並經常 rebase**：經常 rebase 是一個很好的習慣, 可讓原本可能出現的任何衝突浮出水面, 遇到時就可立即進行修改。

● **僅在本機端做 rebase**：記住！最好是在單純使用本機儲存庫的環境下才執行 rebase, 因為我們一再提到 rebase 等於是在改寫歷史, 若是共享的環境冒然做這件事很容易造成混亂。

5.1.3 rebase 實作觀摩

這一小節藉由 Adam 這位開發者來觀摩一下 rebase 的實作吧！(編註：底下雖然是觀摩之用, 但建議讀者可以順著 Adam 的腳步, 參考截圖也試著先建立好自己的演練情境, 過程中會用到前 4 章所學到的種種基本功, 本書後續各種演練都建議您試著仿作看看, 會學得比較深刻！)

■ rebase 前的各分支的操作

一開始, Adam 先在 GitHub 建立一個新的儲存庫並命名為 Rebasing, 接著 clone 回自己的電腦後, 在本地端儲存庫建立一個 Person 分支, 用來進行程式開發：

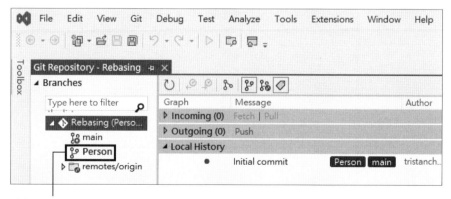

建好 Person 分支準備進行開發

首先，Adam 利用程式開發工具建了一個程式專案，本例是以 Visual Studio 在 Person.cs 程式檔案中撰寫了一個 Person 類別，並送出 commit。

接著，他在 Person 類別中撰寫 age 屬性並送出 commit (都先沒有 push)：

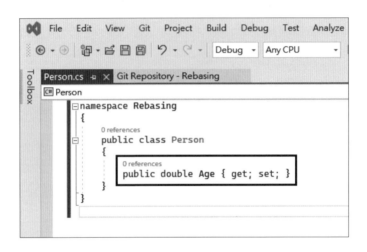

接著，依續新增 name 屬性、Height 屬性，並都送出 commit：

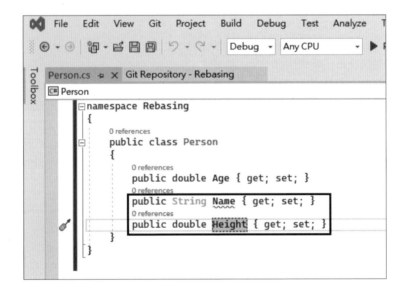

目前, Person 分支的 commit 的歷程如下：

顯示 commit 歷程 ————

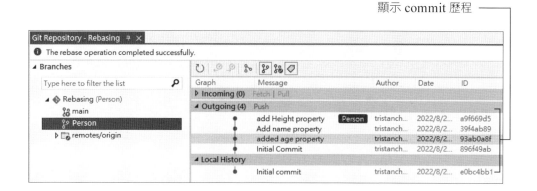

◆ 編註 請特別留意上面 4 個 commit 的 commit ID, 待會 Rebase 完成, 我們會驗證前面提到的, 在 rebase 時, Git 會做複製 commit 並賦予新 ID」這個動作。

與此同時, main 主分支也因其他開發者的更新有了異動 (編：若想建立下圖的情境, 需要事先從其他本機儲存庫透過同步來影響 main 的內容, 讀者可挑戰看看)：

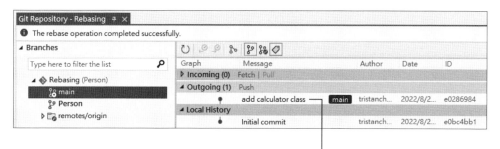

自從 Person 分支產生後, main 多了一個
commit (非 Person 分支所造成)

■ 執行 rebase

　　現在 Adam 可以在 Person 分支上執行 push, 執行完之後, 由於在
Person 類別上還有事情要做, Adam 不希望 Person 功能分支離 main 太遠,
導致開發完 Person 時產生太多衝突。之前的解法是頻繁 pull main 的內容
下來, 然後 merge "main" into "Person", 現在有另一個合併做法：也就是
rebase。首先將 main 的最新內容抓下來後, checkout 到 Person 分支上, 然
後在 main 主分支上點右鍵選 **rebase 'Person' onto 'main'** (編：這裡先看
GUI 工具的做法, 5-13 頁會教怎麼用 Git 指令操作 rebase)：

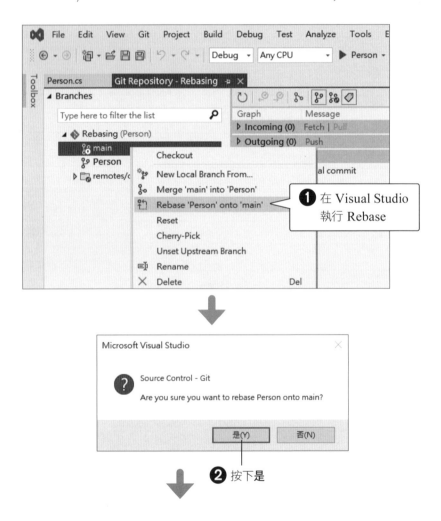

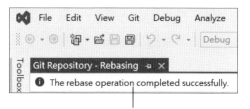

Rebase 完成後, 就可繼續
在 Person 分支上開發

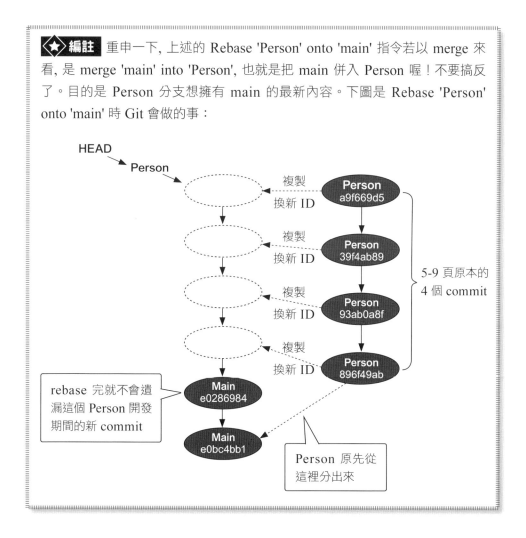

現在 Person 分支已經有 main 的最新內容，但這裡我們最想關注的是經過 rebase 操作後，Person 分支的 commit 歷程變化，是否真如前面所說的那樣。

首先，如同預期，rebase 不會增加額外一個註明「合併了」的 commit 紀錄，可以保持歷史紀錄乾淨。如下圖所示，rebase 合併後，由 Person 分支產生的 commit 仍舊維持 4 個 (下圖另一個 e0286984 是 main 的最新 commit)，但這 4 個的 ID 似乎有點變化：

Rebase 不會額外增加一個合併的 commit
紀錄，但留意到 ID 通通換過了

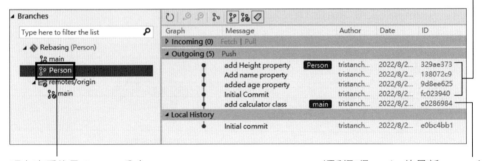

現在查看的是 Person 分支   順利取得 main 的最新 commit

讀者可以跟 5-9 頁 rebase 前的 4 個 commit ID 比對看看，的確 Git 在做 rebase 'Person' onto 'main' 時，會做「複製 commit 到 main 的尖端並賦予新 ID」這個動作，也因此從原本 Person 分支複製過來的那四個 commit ID 都換過了。

◆編註 再提醒讀者，上面那些 ID 更換有的沒的只是 Git 在背後所做的事，rebase 'Person' onto 'main' 真正的用意還是 Perosn 分支想取得 main 的最新內容喔，搞清楚目的很重要！

★ **編註** 如果做完 rebase 之後反悔了，可以執行以下指令復原到 rebase 前的狀態：

```
Git reset ORIG_HEAD –hard
```

在 Person 分支上執行上述指令

已經回復到之前的狀態 (可以比對一下這是 5-9 頁
操作前 Person 分支上最新那個 commit 原本的 ID)

■ 在 command line 工具執行 rebase

如果是在 command line 介面想要執行 rebase Person onto main, 也就是 Person 想取得 main 的最新內容, 則首先切換到 Person, 然後再執行 rebase 指令即可：

❷ 執行 git rebase main, 這就表示
rebase Person onto main

❶ 是想要抓其他內容併入 Person,
因此主要切換到 Person

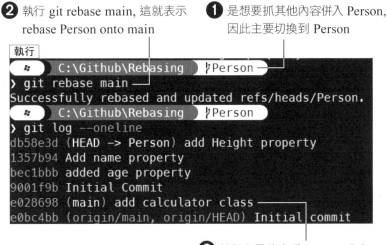

❸ 執行完畢後查看 Person 分支,
已經併入 main 的最新內容

5.2 用 amend 修正 commit 的內容

當你送出某個 commit, 然後發現漏將某些變更納入這個 commit 記錄點, 或者將 commit 訊息寫錯了, 可以用 **amend** 指令回頭修改這個 commit, 但請注意這個指令只能修改最新的 commit。

延續前一節 Adam 的例行開發工作, 假設 Adam 回到 Person 並新增一個 weight 屬性, 接著送出 commit (編:這個情境很好建立出來, 請試試):

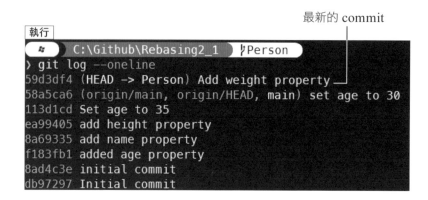

而在 push 上 GitHub 之前, 發現少納入了 Program.cs 的變更:

```
namespace Rebasing
{
    class Program
    {
        static void Main (string[] args)
        {
            var person = new Person () ;
            person.Name =  "Jesse ";
        }
    }
}
```

commit 才剛送出, 還可以修改。要做的事就是先用 git add 指令將 Program.cs 檔案放入整備區 (索引) 中, 然後執行 git commit --amend 指令。

> 請留意, 因為 amend 會改寫歷史, 因此**你必須在 push 之前做這件事**, 否則會造成其他開發成員的混亂。

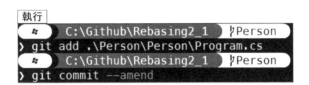

在上圖中, 首先把要納入 commit 的變更檔 (也就是 Program.cs) 以 git add 指令加入整備區中。接著執行以下指令:

```
git commit --amend
```

接著, Git 會開啟 2-34 頁指定好的編輯器讓你修改 commit 訊息:

修改後的 commit 訊息

完成後, 記得儲存檔案並關閉編輯器視窗。回到 command line 畫面, 就可以看到修改後的訊息, 同時也賦予了新的 commit ID:

執行

🪟 C:\Github\Rebasing2_1 ⅋Person
> git add .\Person\Person\Program.cs

🪟 C:\Github\Rebasing2_1 ⅋Person
> git commit --amend
[Person 8d1b5ea] Add weight property and revise Program.cs ─────
Date: Tue Aug 23 15:34:02 2022 +0800
2 files changed, 12 insertions(+), 3 deletions(-)

修改後的 commit

也可以列出歷史記錄看日誌：

修改後的訊息

執行

🪟 C:\Github\Rebasing2_1 ⅋Person
> git log --oneline
8d1b5ea (HEAD -> Person) Add weight property and revise Program.cs ─────
58a5ca6 (origin/main, origin/HEAD, main) set age to 30
113d1cd Set age to 35
ea99405 add height property
8a69335 add name property
f183fb1 added age property
8ad4c3e initial commit
db97297 Initial commit

　　重申一下, 上圖仍然只有一個 commit 提交等待被 push, 所以可清楚知道 amend 做的是修改工作, 不會額外多建立一個新的 commit。

5.3 用 cherry-pick 做選擇性合併

　　在合併分支時, 有時候你可能只需要將一個分支的 1 個或少數幾個 commit 併到另一個分支的尖端 (編：尖端指的是該分支最新的 commit), 一個常見的情境是：你有一個發佈 (Release) 分支和一個功能分支。現在你需要從功能分支取得某個重要 commit 的內容 (例如是修復重大 bug 的補丁), 就可以用 **cherry-pick** 從功能分支單獨挑出該 commit 來併入發佈分支。

5.3.1 cherry-pick 的概念

用示意圖來看一下,假設 cherry-pick 前的狀態如下：

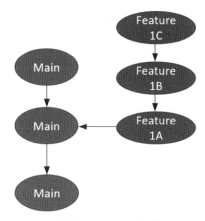

▲ 執行 cherry-pick 前

想將 Feature1 分支併入 Main 時,我們發現 Main 上並不需要 Feature1 分支的所有 commit,而只想要 Feature1B (可能是重要的 Hotfix)。

經過 cherry-pick 的操作,最終得到的結果如下所示：

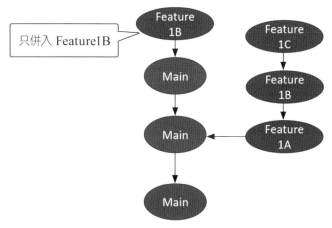

▲ 執行 cherry-pick 後

從上圖可以看到,Feature1B 這個 commit 已加到 Main 的尖端 (當然它也留在 Feature1 分支上)。

5.3.2 在 GUI 工具上執行 cherry-pick

Visual Studio 對 cherry-pick 提供了不錯的支援, 只需先 checkout 到想接收其他分支內容的那個分支 (例如 main), 然後檢視功能分支 (例如 Feature1) 的歷史紀錄, 在想要的那個 commit 上按右鍵選 **cherry-pick** 即可 (編:下圖的情境很好建立出來, 請讀者試試):

❶ 假設 Person 功能分支上有 3 個 commit,
　表示 3 個開發功能, 你不想要全併入 main

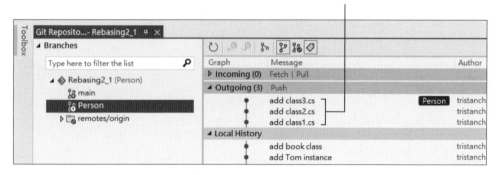

❷ 第一步是先 checkout 到 main

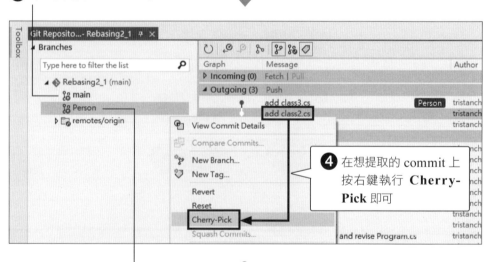

❹ 在想提取的 commit 上
　按右鍵執行 **Cherry-**
　Pick 即可

❸ 接著點擊 Person 分支,
　檢視其 commit 歷程

cherry-pick 完成

之後可以查看 main 的 commit 歷程, 就只有剛才挑的那個 "add class2. cs" commit 被併進來了:

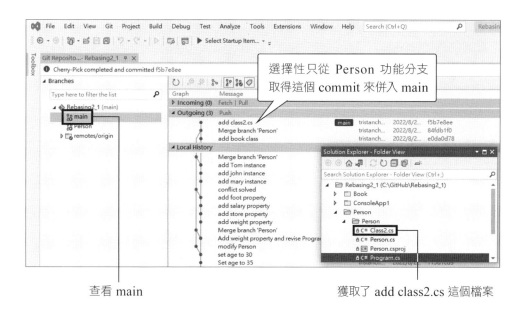

查看 main

獲取了 add class2.cs 這個檔案

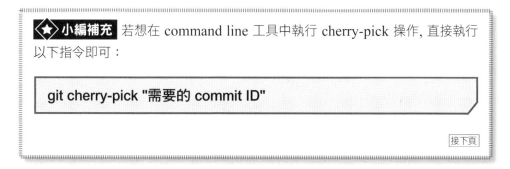

★ 小編補充 若想在 command line 工具中執行 cherry-pick 操作, 直接執行以下指令即可:

```
git cherry-pick "需要的 commit ID"
```

接下頁

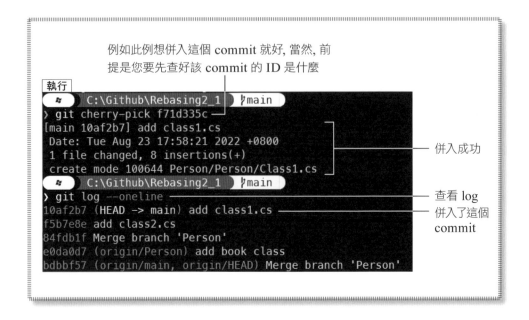

例如此例想併入這個 commit 就好，當然，前提是您要先查好該 commit 的 ID 是什麼

```
執行
     C:\Github\Rebasing2_1    main
> git cherry-pick f71d335c
[main 10af2b7] add class1.cs
Date: Tue Aug 23 17:58:21 2022 +0800
1 file changed, 8 insertions(+)
create mode 100644 Person/Person/Class1.cs
     C:\Github\Rebasing2_1    main
> git log --oneline
10af2b7 (HEAD -> main) add class1.cs
f5b7e8e add class2.cs
84fdb1f Merge branch 'Person'
e0da0d7 (origin/Person) add book class
bdbbf57 (origin/main, origin/HEAD) Merge branch 'Person'
```

併入成功

查看 log

併入了這個 commit

5.4 綜合演練

　　看個本章 3 個指令的綜合演練吧！這裡會建立一個名為 Panofy 的新儲存庫, 會有三個分支：main (建立儲存庫時的初始分支) 和不同開發人員各自建立的功能分支。主要演練以下內容 (編：底下作者把演練明細都列出來了, 請讀者也試著逐步操作看看)：

● 建立儲存庫

● 兩個開發人員分別建立功能分支

● 連續做 rebase

● 用 amend 指令修改 commit 以新增檔案

● 用 amend 指令修改 commit 訊息

● 用 cherry-pick 指令挑選一個 commit 到 main

5.4.1 在 GitHub 建立雲端公用儲存庫

演練內容當中有些前幾章已實作多遍, 所以快速完成。首先到 GitHub. com 建立儲存庫, 填寫好欄位資訊, 設定儲存庫公開:

▲ 建立儲存庫

建立好儲存庫後, 任何參與開發的人都可以 clone 一份到本機。

5.4.2 模擬兩位開發人員建立功能分支

　　為此建立兩個資料夾, 並將儲存庫 clone 到各資料夾。第一個資料夾是 Mateo 負責的 GitHub/DirA、第二個是 Kim 負責的 GitHub/DirB :

```
> cd c:\github\dirB
    C:\Github\DirB
> git clone https://github.com/tristanchang/Panofy.git          複製程式到
Cloning into 'Panofy'...                                         本機儲存庫
remote: Enumerating objects: 4, done.
remote: Counting objects: 100% (4/4), done.
remote: Compressing objects: 100% (4/4), done.
remote: Total 4 (delta 0), reused 0 (delta 0), pack-reused 0
Receiving objects: 100% (4/4), done.
```

　　接著兩人各自在自己的儲存庫 (DirA 和 DirB) 中建立 C# 應用程式。最常發生的互動就是例如 DirB 有了一個小的變更, 然後經由雙方各自的操作也反映在 DirA 中。

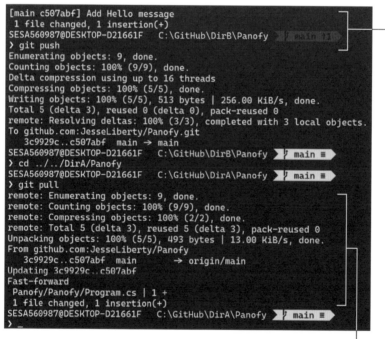

負責 B 儲存庫的 Kim 建立 commit 並 push

負責 A 儲存庫的 Mateo 將最新內容 pull 下來, 讓雙方的本機儲存庫相同

假設本例是打算建立一個 UtilityKnife 程式, 會有些小功能和頻繁的合併。為了避免開發上的衝突, 負責 A 的 Mateo 建立了 Calculator 分支, 負責 B 的 Kim 則建立了 Converter 分支 (編：這部分讀者應該已經很熟悉, 就不贅述了)。

5.4.3 頻繁 rebase

Mateo 會先開始建立 Calculator 結構, 送出 commit 然後將合併到 main 中。一開始 Calculator 的內容跟 main 都是一樣的, 所以執行 rebase 時基本上不會有任何變動：

開發時 Mateo 習慣頻繁從 Github
抓取最新的 main 的內容

```
SESA560987@DESKTOP-D21661F    C:\GitHub\DirA\Panofy    calculator ≢
> git status
On branch calculator
nothing to commit, working tree clean
SESA560987@DESKTOP-D21661F    C:\GitHub\DirA\Panofy    calculator ≢
> git checkout main
Switched to branch 'main'
Your branch is up to date with 'origin/main'.
SESA560987@DESKTOP-D21661F    C:\GitHub\DirA\Panofy    main ≡
> git pull
Already up to date.
SESA560987@DESKTOP-D21661F    C:\GitHub\DirA\Panofy    main ≡
> git checkout calculator
Switched to branch 'calculator'
SESA560987@DESKTOP-D21661F    C:\GitHub\DirA\Panofy    calculator ≢
> git rebase main
Current branch calculator is up to date.
SESA560987@DESKTOP-D21661F    C:\GitHub\DirA\Panofy    calculator ≢
```

執行 rebase calculator onto main, 表示利用
Rebase 將 main 的內容併入 calculator 分支

接著 Mateo 在 Calculator 分支上開發一些東西, 然後準備 push。然而在這樣做之前, 他習慣先做一個 rebase, 看看是否有已完成的工作被不同的人推送到 main 上：

切換到 main 之後, pull 看看
伺服器上的 main 有沒有變更

```
> git checkout main
Switched to branch 'main'
Your branch is up to date with 'origin/main'.
SESA560987@DESKTOP-D21661F    C:\GitHub\DirA\Panofy  ⎇ main ≡
> git pull
remote: Enumerating objects: 8, done.
remote: Counting objects: 100% (8/8), done.
remote: Compressing objects: 100% (2/2), done.
remote: Total 5 (delta 3), reused 5 (delta 3), pack-reused 0
Unpacking objects: 100% (5/5), 541 bytes | 14.00 KiB/s, done.
From github.com:JesseLiberty/Panofy
   2ca4ad9..8d47c04  main       → origin/main
Updating 2ca4ad9..8d47c04
Fast-forward
 Panofy/Panofy/Converter.cs | 15 +++++++++++++++
 1 file changed, 15 insertions(+)
 create mode 100644 Panofy/Panofy/Converter.cs
SESA560987@DESKTOP-D21661F    C:\GitHub\DirA\Panofy  ⎇ main ≡
> git checkout calculator
Switched to branch 'calculator'
SESA560987@DESKTOP-D21661F    C:\GitHub\DirA\Panofy  ⎇ calculator ≢
> git rebase main
Successfully rebased and updated refs/heads/calculator.
SESA560987@DESKTOP-D21661F    C:\GitHub\DirA\Panofy  ⎇ calculator ≢
```

有變更！

再次 rebase calculator onto main
(即併入 main 的內容)

依上圖的情境來說, 已經有人將完成的工作推到 main 分支上 (本例為另一個開發者 Kim 所開發的 Converter.cs), 但仍可以執行 rebase 來併入 main 的內容, 因為有異動的是不同支程式, 在目前的開發中不會有任何衝突 (作者平常就是這麼在用 rebase 的)。

5.4.4 用 amend 指令修改 commit 的內容

Mateo 開發者繼續進行 Calculator 類別的撰寫, 新增一個使用雙精度的除法範例, 並送出 commit:

```
> git status
On branch calculator
Changes not staged for commit:
  (use "git add <file>..." to update what will be committed)
  (use "git restore <file>..." to discard changes in working directory)
        modified:   Panofy/Panofy/Calculator.cs

no changes added to commit (use "git add" and/or "git commit -a")
SESA560987@DESKTOP-D21661F    C:\GitHub\DirA\Panofy    ⎇ calculator ≢ +0 ~1 -0 !
> git commit -a -m "Add divide using doubles"
[calculator 26b5ba0] Add divide using doubles
 1 file changed, 5 insertions(+)
SESA560987@DESKTOP-D21661F    C:\GitHub\DirA\Panofy    ⎇ calculator ≢
```

送出 commit (註：回憶一下 -a 表示跳過整備區, 直接提交文件)

送出 commit 後, 他發現還打算新增一個平方根 method：

```
public double SquareRoot (double x)
{
    return Math.Sqrt (x) ;
}
```

雖然可以另外再送出一個新的 commit, 但他不希望一直製造出 commit, 此時就可以選擇用 amend 修改最近一次 commit。

撰寫好程式後, 以 git add 將要補納入 commit 的檔案放入整備區, 並使用 git commit --amend 指令修改先前那個 commit 的內容：

下一行用 git add 把它添加到整備區中

執行 git status。注意到有一個修改過的檔案

```
> git status
On branch calculator
Changes not staged for commit:
  (use "git add <file>..." to update what will be committed)
  (use "git restore <file>..." to discard changes in working directory)
        modified:   Panofy/Panofy/Calculator.cs

no changes added to commit (use "git add" and/or "git commit -a")
SESA560987@DESKTOP-D21661F    C:\GitHub\DirA\Panofy    ⎇ calculator ≢ +0 ~1 -0 !
> git add .
SESA560987@DESKTOP-D21661F    C:\GitHub\DirA\Panofy    ⎇ calculator ≢ +0 ~1 -0 ~
> git commit --amend
[calculator 6fa0c30] Add divide using doubles and square root function
 Date: Mon Feb 22 14:00:28 2021 -0500
 1 file changed, 10 insertions(+)
SESA560987@DESKTOP-D21661F    C:\GitHub\DirA\Panofy    ⎇ calculator ≢
```

修改 commit (納入 Calculator.cs 的變更)   新修改完的 commit 訊息

5.4.5 修改 commit 的訊息

如果沒用 git add 將新要納入的內容加入整備區，那麼執行 git commit --amend 指令就單純只是修改 commit 訊息：

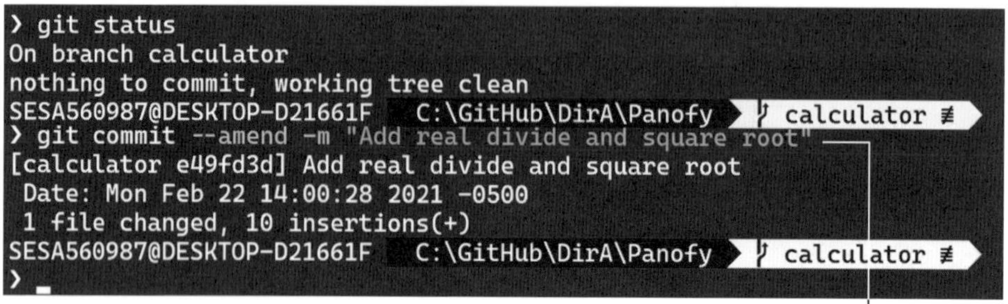

```
> git status
On branch calculator
nothing to commit, working tree clean
SESA560987@DESKTOP-D21661F    C:\GitHub\DirA\Panofy  ᛗ calculator ≢
> git commit --amend -m "Add real divide and square root"
[calculator e49fd3d] Add real divide and square root
 Date: Mon Feb 22 14:00:28 2021 -0500
 1 file changed, 10 insertions(+)
SESA560987@DESKTOP-D21661F    C:\GitHub\DirA\Panofy  ᛗ calculator ≢
>
```

使用 amend 修改最
近一次提交的訊息

上圖先執行 git status 確保整備區中沒有任何變更。然後像之前一樣執行 git commit --amend, 但這次用 -m 新增了一條訊息 (如果沒有用 -m , 則會開啟編輯器)。由於整備區中沒有任何變更，因此這次就只是修改了 commit 訊息。

5.4.6 用 cherry-pick 挑選一個 commit 併到 main 分支

各開發者陸續操作下來, 假設底下是 Mateo 的 main 和 calculator 分支各自的日誌：

main 的內容

```
> git log --oneline main
8d47c04 (origin/main, origin/HEAD, main) add converter skeleton
2ca4ad9 add subtract method
877348c Update csproj
c507abf Add Hello message
3c9929c Sync'ing with B
2661adc fix conflicts
edd7b01 Initial files from DirA
da77c91 First use of Panofy in Dir B
a253788 Initial commit
SESA560987@DESKTOP-D21661F    C:\GitHub\DirA\Panofy  ⟩ ♪ calculator ≡ ⟩
> git log --oneline calculator
e49fd3d (HEAD → calculator) Add real divide and square root
972d77a add multiply and divide
8d47c04 (origin/main, origin/HEAD, main) add converter skeleton
2ca4ad9 add subtract method
877348c Update csproj
c507abf Add Hello message
3c9929c Sync'ing with B
2661adc fix conflicts
edd7b01 Initial files from DirA
da77c91 First use of Panofy in Dir B
a253788 Initial commit
SESA560987@DESKTOP-D21661F    C:\GitHub\DirA\Panofy  ⟩ ♪ calculator ≡ ⟩
```

calculator 的內容

想將 calculator 分支的內容併回 main 時, 他不想將所有 calculator 分支的內容, 唯獨想提取乘法和除法這兩個 method 的程式。

請注意上圖每個 commit 旁邊的 ID。乘法跟除法是 972d77a 這個 commit 所做的事, 此時他就可以用 cherry-pick 把 972d77a 放入 main 分支。

做法很簡單, 先確保 main 是當前分支, 然後執行帶有該提交 ID 的 cherry-pick 指令:

```
> git checkout main
Switched to branch 'main'
Your branch is up to date with 'origin/main'.
SESA560987@DESKTOP-D21661F    C:\GitHub\DirA\Panofy          main ≡
> git cherry-pick 972d77a
[main 84bc465] add multiply and divide
 Date: Mon Feb 22 12:57:14 2021 -0500
 1 file changed, 11 insertions(+)
SESA560987@DESKTOP-D21661F    C:\GitHub\DirA\Panofy          main
```

執行後, 就可以將 972d77a 併入 main 分支, main 分支也顯示有一個要
push 的新 commit。在他 push 之前, 再來看一下日誌：

檢視 cherry-pick 後的 log

```
> git log --oneline main
84bc465 (HEAD -> main) add multiply and divide
8d47c04 (origin/main, origin/HEAD) add converter skeleton
2ca4ad9 add subtract method
877348c Update csproj
c507abf Add Hello message
3c9929c Sync'ing with B
2661adc fix conflicts
edd7b01 Initial files from DirA
da77c91 First use of Panofy in Dir B
a253788 Initial commit
SESA560987@DESKTOP-D21661F    C:\GitHub\DirA\Panofy
> git log --oneline calculator
e49fd3d (calculator) Add real divide and square root
972d77a add multiply and divide
8d47c04 (origin/main, origin/HEAD) add converter skeleton
2ca4ad9 add subtract method
877348c Update csproj
c507abf Add Hello message
3c9929c Sync'ing with B
2661adc fix conflicts
edd7b01 Initial files from DirA
da77c91 First use of Panofy in Dir B
a253788 Initial commit
```

最後重申一下 cherry-pick 指令所做的事, main 現在已經有 add
multiply and divide 這個 commit 的內容, 而乘法和除法的 commit 並沒有
從 calculator 中刪除, 兩個 commit 的 ID 不同, 意味著它們是各自獨立的
commit, 對一個 commit 的操作不會影響另一個。至此就示範完這個演練。

6

Chapter

用 Interactive rebase
修改 commit 歷史紀錄

Interactive rebase (互動模式的 rebase) 是非常有用的 Git 功能, 前
一章我們學到 rebase 就是做合併, 但 Interactive rebase 主要是用
來整理 commit 歷史紀錄, 學完後你可能會覺得它跟 rebase 沒什
麼關係。Interactive rebase 可以做到:

• 壓縮 (squach) commit, 目的是合併多個 commit, 讓整個歷程更
  簡潔。

• 修改 commit 訊息。

• 刪除 commit。

操作前要牢記的是, 若是在共享的環境下, 請務必在執行 push 前
執行 Interactive rebase, 因為這等於是在修改 commits 歷史, 若
push 後才修改歷史, 其他開發者早已拿先前的 commit 來做事, 後
續很容易造成麻煩的衝突。

6.1 在程式開發工作中使用 Interactive rebase

首先我們需要多一點 commit 好方便介紹 Interactive rebase 的操作方法, 底下會先建立一個程式並為每行程式都製作一個 commit, 接著再說明 Interactive rebase 能幫我們解決什麼問題。(編：請讀者跟著底下的腳步先建立好情境)

6.1.1 製作範例

假設我們要建立一個音樂追蹤應用程式的骨架, 第一步在 GitHub 上建立儲存庫：

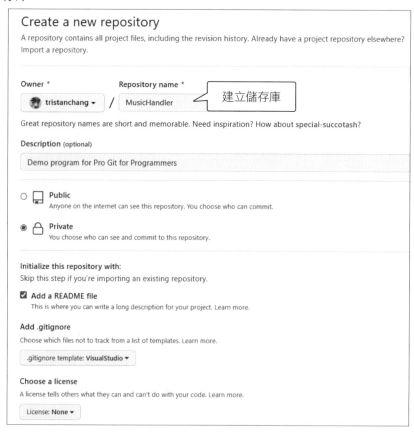

　　建立完儲存庫後, 接下來的步驟包括：將儲存庫 clone 回自己的電腦上、在儲存庫中建立程式專案、過程中一步步建立多個 commits...等等。這些步驟都是前幾章所教的基本功, 在此就不贅述了。當然讀者可以使用自己的程式 (例如 Python、JavaScript), 只要確定程式是放在本機儲存庫中, 過程中自行修修改改建立多個 commits 即可。

　　作者一向都是跟 C# 打交道, 在下頁看到的 commits 歷程, 就是建立、撰寫、修改底下兩支程式的過程　(編：若讀者手邊沒現成的程式, 可利用以下 demo 的內容從新增檔案、逐行撰寫程式的過程來建立多個 commits)：

```
using System;
namespace MusicHandler
{

public class Music
    {
        public string Name { get; set; }
        public string Artist { get; set; }
        public DateTime ReleaseDate { get; set; }
    }
}
```

定義類別用的 Music.cs

　　例如 commit 2 是在 Program.cs 中建立一個 Music 物件, 也同樣送出 commit：

```
static void Main (string[] args)
{
    var music = new Music () ;
    music.Name =  "Ripple ";
    music.Artist =  "Grateful Dead ";
    music.ReleaseDate = new DateTime (11, 1, 1970) ;
}
```

撰寫主程式用的 Program.cs

最後, 累積了底下這幾個 commits (用 git log 指令查看也可以):

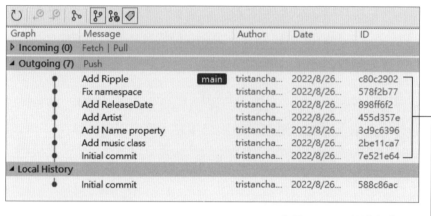

查看 commit 歷史紀錄 ——

使用 Interactive rebase 整理 commits 歷程紀錄

現在假設我們不希望上圖看到的 Add name、Add artist 和 Add ReleaseDate 這幾個 commit 獨立顯示, 原因可能是當初提交的太頻繁, 導致 commit 紀錄看起來有點過細, 這時 Interactive rebase 就可以派上用場。

■ Interactive rebase 的啟動方式

Interactive rebase 主要是透過 command line 工具操作, 執行指令很簡單, 一樣是執行 **git rebase** 指令, 重點是加上「-i」參數, 這裡的 i 就是 interactive 的意思:

git rebase -i ◀—— Interactive rebase 的啟動方式

■ 啟動 Interactive rebase

回到我們的例子，此例等於是要把幾個獨立的 commit 合併起來，Interactive rebase 的操作邏輯大致是先以 rebase -i 指令列出「commit 一覽表」，然後像修改文件一樣把想做的動作標記到一覽表中，最後再把 rebase 動作執行一遍，這樣就會套用修改後的結果了。

我們先決定一覽表的數量，回顧上一頁的歷程，本例算到 Add Name property 這個 commit 的前一兩個就可以，例如底下指令當中的 7 表示「從新到舊，秀出最近的 7 個 commit」：

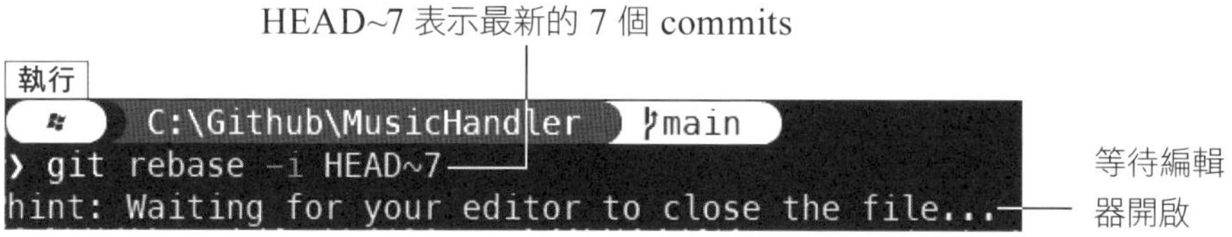

HEAD~7 表示最新的 7 個 commits

```
執行
🏁  C:\Github\MusicHandler    ⌥main
> git rebase -i HEAD~7
hint: Waiting for your editor to close the file...
```
等待編輯
器開啟

沒多久會如下圖開啟編輯器，在 2.6 節作者指定的編輯器是 VS Code：

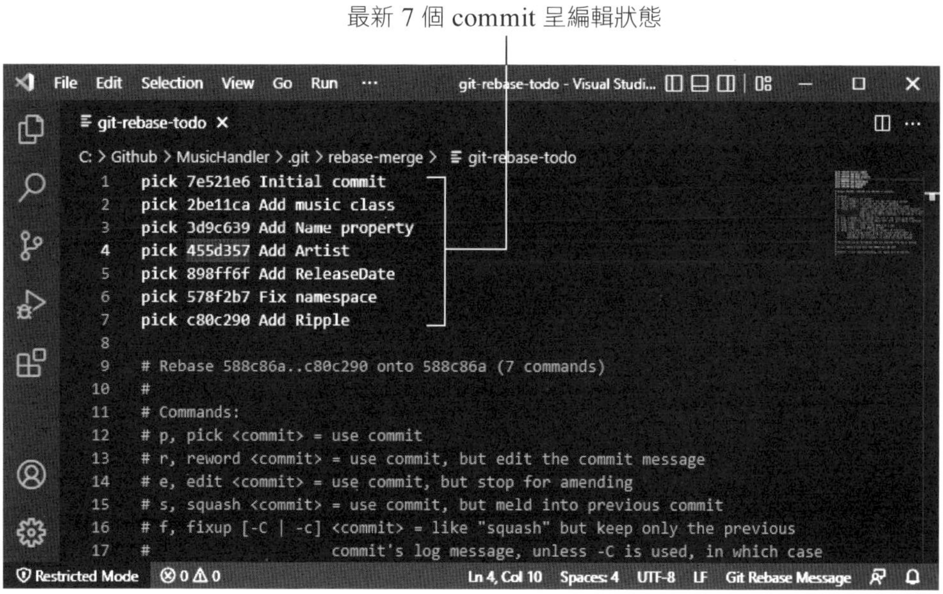

最新 7 個 commit 呈編輯狀態

```
File  Edit  Selection  View  Go  Run  ···        git-rebase-todo - Visual Studi...

≣ git-rebase-todo ×

C: > Github > MusicHandler > .git > rebase-merge > ≣ git-rebase-todo
  1   pick 7e521e6 Initial commit
  2   pick 2be11ca Add music class
  3   pick 3d9c639 Add Name property
  4   pick 455d357 Add Artist
  5   pick 898ff6f Add ReleaseDate
  6   pick 578f2b7 Fix namespace
  7   pick c80c290 Add Ripple
  8
  9   # Rebase 588c86a..c80c290 onto 588c86a (7 commands)
 10   #
 11   # Commands:
 12   # p, pick <commit> = use commit
 13   # r, reword <commit> = use commit, but edit the commit message
 14   # e, edit <commit> = use commit, but stop for amending
 15   # s, squash <commit> = use commit, but meld into previous commit
 16   # f, fixup [-C | -c] <commit> = like "squash" but keep only the previous
 17   #                        commit's log message, unless -C is used, in which case

⚠ Restricted Mode   ⊗ 0 ⚠ 0            Ln 4, Col 10  Spaces: 4  UTF-8  LF  Git Rebase Message
```

★ 編註 上圖有件事很重要！那就是在操作 Interactive rebase 時所看到的歷程順序，最上面是最**舊**的，最下面是最**新**的，這跟一直以來我們在 git log 指令看到的「上新下舊」剛好相反！在操作 Interactive rebase 時要牢記這一點。

附帶一提，決定要秀出哪些 commits 來操作也可以像底下一樣指定 commit id 來做：

假設目前從新到舊有這些 commits

```
執行
⊞  C:\Github\Rebasing     ⌐Person
⟩ git log --oneline
db58e3d (HEAD -> Person) add Height property
1357b94 Add name property
bec1bbb added age property
9001f9b Initial Commit
e028698 (main) add calculator class
e0bc4bb (origin/main, origin/HEAD) Initial commit
⊞  C:\Github\Rebasing     ⌐Person
⟩ git rebase -i e028698
hint: Waiting for your editor to close the file...
```
新 ↓ 舊

在 rebase -i 後面指定一個 id，就表示顯示此 id (不含) 之後的那些新 commits

```
pick 9001f9b Initial Commit
pick bec1bbb added age property
pick 1357b94 Add name property
pick db58e3d add Height property
```
舊 ↓ 新

可以跟上圖比對一下，顯示的是比 e028698 還要新的 commits

還是要注意編輯器中看到的順序是上舊下新

要學的來了，針對每一行都有許多指令可以操作：

● **pick** (預設指令)：維持 pick 不變表示不修改該 commit。

● **squash**：壓縮某 commit，併入前一個 commit (編：注意，前一個是指從 git log 來看，也就是比較舊的那一個)，這是本例我們想要的操作。

● **drop**：刪除 commit。

● **label**：用標籤標記所選擇的 commit。

　　如果你想要, 還可以重新排序你的 commit 紀錄 (編：但這影響太大, 作者就沒輕易嘗試了…例如你在某個 commit 是「修改 Program.cs 最後一行」, 總不可能把這個 commit 移到「新建立 Program.cs」那個 commit 之前吧！這是不合邏輯的)。

■ 動手修改 commit 歷程

　　現在, 照我們的計畫, 我們要壓縮 ReleaseDate、Name 和 Artist 這三個 commit 到 Artist 的前一個 commit (也就是更舊的 Add music class), 透過 VS Code 編輯器修改如下：

s 就是 squash ─

```
pick 7e521e6 Initial commit
pick 2be11ca Add music class
s 3d9c639 Add Name property
s 455d357 Add Artist
s 898ff6f Add ReleaseDate
pick 578f2b7 Fix namespace
pick c80c290 Add Ripple
```

在編輯器中做 Interactive rebase 的修改, 將這三個 commit 前面的 pick 修改成 s

　　上面這樣修改的意思是, 首先我們將最尾端的 Add ReleaseDate 往前壓縮到 Add Artist (讓它們成為一個 commit), 接著再繼續往前到 Add Name, 最後將這些 commit 再壓縮到 Add music class。

　　儲存檔案後關閉編輯器, 會回到下圖的 command line 畫面, 很快地會再重新開啟編輯器讓你編輯 commit 資訊：

```
執行
 ⊞   C:\Github\MusicHandler    ⅄main
> git rebase -i HEAD~7
hint: Waiting for your editor to close the file...
```

如下圖所示，接著會顯示那些被壓縮 commit 的訊息，你可以選擇刪除 (也可編輯) 或包含先前的訊息：

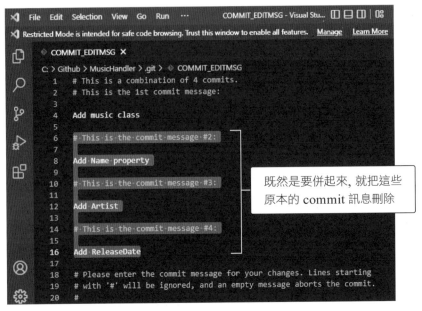

既然是要併起來，就把這些原本的 commit 訊息刪除

修改後只留下這個 commit

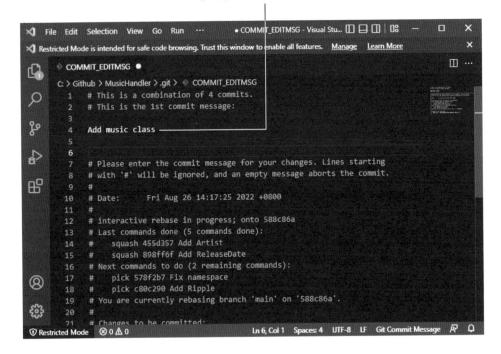

請注意上圖下半部有大量的文字註解，這些資訊可幫你了解正在發生的事情：

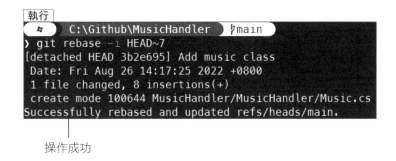

```
# interactive rebase in progress; onto 588c86a
# Last commands done (5 commands done):
#    squash 455d357 Add Artist
#    squash 898ff6f Add ReleaseDate
# Next commands to do (2 remaining commands):
#    pick 578f2b7 Fix namespace
#    pick c80c290 Add Ripple
# You are currently rebasing branch 'main' on '588c86a'.
#
```

相關進度註記

當我們保存並關閉該檔案時，Git 會告訴我們 rebase 成功了：

執行

```
C:\Github\MusicHandler    main
> git rebase -i HEAD~7
[detached HEAD 3b2e695] Add music class
 Date: Fri Aug 26 14:17:25 2022 +0800
 1 file changed, 8 insertions(+)
 create mode 100644 MusicHandler/MusicHandler/Music.cs
Successfully rebased and updated refs/heads/main.
```

操作成功

> **◆編註** 依小編實際操作，當關閉編輯器視窗後，就會看到上圖的畫面，依原書的操作則需再手動執行 git rebase --continue，才會看到成功的訊息。

Interactive rebase 成功後，來看看日誌：

與屬性相關的 commit 都消失了，四個 commit 併成一個

可以留意一下已經換成不同的 commit ID

★ 小編補充 回復到 Interactive rebase 前的狀態

Interactive rebase 功能很強大，它可以清理你的 commit (切記要在 push 前！)，減少你的隊友閱讀 commit 歷史的負擔。如果在執行 Interactive rebase 過程中遇到麻煩，整個亂掉了，上一章提到的 reset 指令可以幫你回復到執行 Interactive rebase 前的狀態：

```
Git reset ORIG_HEAD --hard
```

執行此指令

再查看 log，已經回復到操作前的 commit 歷程

附帶一提，作者表示滿常使用 squash，不過也承認幾乎從不使用其他選項 ☺。

6.2 Interactive rebase 實戰演練

來看個演練吧！在本節的演練中，首先開發者先建立一個新專案，他比較習慣用 GitHub Desktop，因此會用 GitHub Desktop 將遠端儲存庫 clone 到本機；然後試著新增至少 7~8 個 commit。最後使用 Interactive rebase 將一些 commit 壓縮在一起，過程中也會嘗試 Interactive rebase 中的其他選項 (編：前面我們比較少看到 GitHub Desktop 的操作，建議讀者也隨著開發者的腳步安裝來熟悉一下，此工具頗輕巧，也有獨到的畫面設計)。

6.2.1 建立儲存庫及專案內容

第 1 步，如同之前的操作，建立一個新的儲存庫：

建立儲存庫

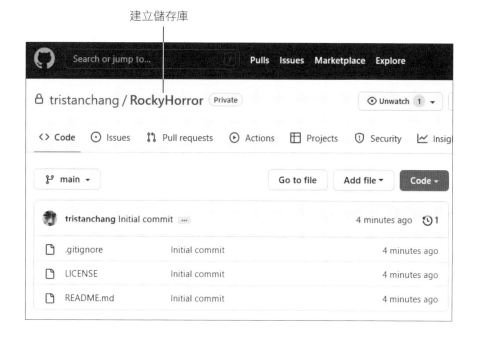

第 2 步是將儲存庫複製到硬碟，這次開發人員用的是 GitHub Desktop：

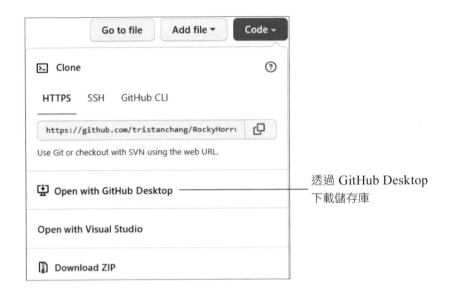

透過 GitHub Desktop
下載儲存庫

接著會啟動 GitHub Desktop：

啟動 GitHub Desktop

啟動 GitHub Desktop後，會彈出一個對話框，要求確認或更改儲存庫，以及要將其放在硬碟的哪個位置：

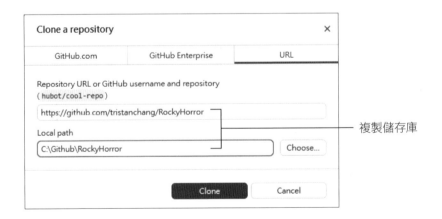

複製儲存庫

在上圖按下 **Clone** 後, 儲存庫就會被複製到指定的資料夾中, 下圖所示為 GitHub Desktop 已設定好儲存庫並位於 main 主分支上:

確認已建立本機端儲存庫

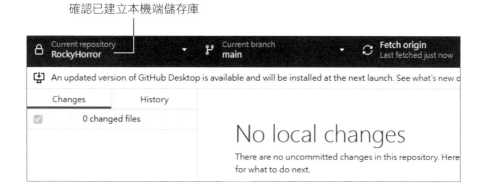

下一步是用程式開發工具在 RockyHorror 資料夾中建立專案程式 (編: 這部分前幾章已經做過很多遍, 就不重覆提示了)。GitHub Desktop 會立即在左側顯示新增的檔案, 而右側則會顯示所選檔案的變更內容:

可以在儲存庫資料夾內查看專案內容

切換到此頁次

開發者想 commit 這些變更但不 push，在左下角的區域建立第一個
commit：

在 GitHub Desktop
內建立 commit

GitHub Desktop 會更新目前的狀態：

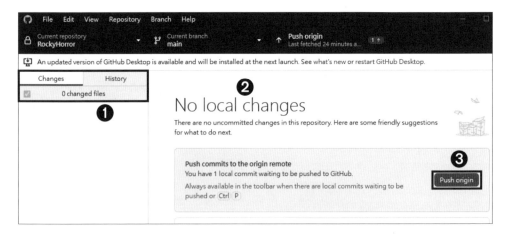

▲ GitHub Desktop 顯示專案目前狀態

在上圖中，我們看到現在需要處理的更新為 0 ❶；中間的 "No Local
Changes" 標題 ❷ 重申了這一點，❸ 的按鈕可將你的變更 push 到 origin (開
發者先不這樣做)。

左邊的窗格中有個 **History** 頁次；點擊它可以檢視 commit 歷史記錄，其中列出了在該 commit 中添加或修改的每個檔案：

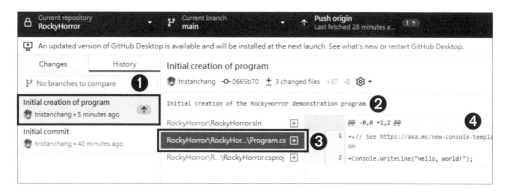

▲ GitHub Desktop 中的 commit 歷史

我們複習一下上圖各區的資訊，被選取的 commit 有一個向上箭頭 ❶ 表示可以將該 commit push 至 origin。❷ 的地方則顯示 commit 的單行標題。在右側也可找到 commit 資訊。單擊該 commit 中的任何檔案 ❸ 可以在右側視窗 ❹ 看到該 commit 的詳細異動內容。

6.2.2 新增大量 commits

現在要像之前一樣新增 commit。例如開發者從建立 Showing.cs, 並撰寫一個名稱為 Showing 的類別開始, 準備在該類別內新增一周內電影放映的地點和時間屬性 (編：讀者可以自行撰寫程式內容, 若手邊沒有現成程式可以用以下 demo 的內容來仿製)：

```
namespace RockyHorror
{
    public class Showing
    {
    }
}
```

在建立類別及其每個屬性後都做 commit 把各版本記錄下來。完成後，Showing.cs 顯示看起來像這樣：

```
namespace RockyHorror
{
    public class Showing
    {
        public string Location { get; set; }
        public int NumberOfSeats { get; set; }
        public List<DateTime> ShowTimes { get; set; }
    }
}
```

接下來可能還會有許多修改，例如在第一次儲存這個檔案時，ShowTimes 是 DateTime 型別，但開發者很快意識到對於每個位置的表演時間，應該是一個清單，因此開發者最後修改為 DateTime 物件的列表。

Program.cs 最後看起來是這樣：

```
using System;
using System.Collections.Generic;
namespace RockyHorror
{
    class Program
    {
        static void Main (string[] args)
        {
            var showing = new Showing () ;
            showing.Location =  "Brattle ";
            showing.NumberOfSeats = 250;
            showing.ShowTimes = new List<DateTime>
            {
                new DateTime (0,0,0,10,0,0),
                new DateTime (0,0,0,13,0,0),
```

接下頁

```
            new DateTime (0,0,0,16,0,0),
            new DateTime (0,0,0,19,0,0),
            new DateTime (0,0,0,22,0,0),
            new DateTime (0,0,0,0,0,1)
        };
    }
  }
}
```

最後，在 GitHub Desktop 中檢視的 commit 歷史記錄可能如下圖這樣：

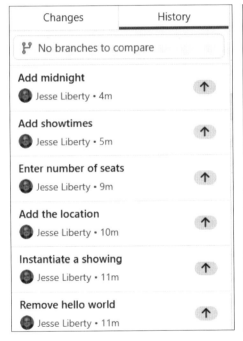
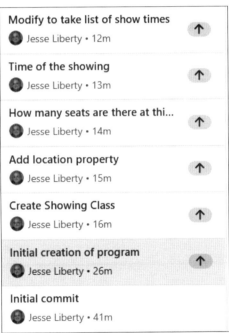

▲ 開發過程中累積的 commit 歷史

6.2.3 用 Interactive rebase 整理 commits

在 push 這些 commits 前, 開發者習慣用 Interactive rebase 整理一下。可能合併一些 commits, 或者要刪除某個 commit, 總之做個事先檢視。

首先用 command line 工具輸入 rebase -i 指令, 叫出編輯器:

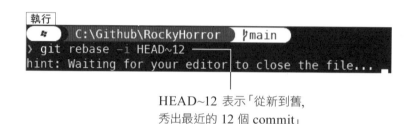

執行

C:\Github\RockyHorror   main
> git rebase -i HEAD~12
hint: Waiting for your editor to close the file...

HEAD~12 表示「從新到舊,
秀出最近的 12 個 commit」

底下是執行 Interactive rebase 後看到的 commits 清單:

```
舊  pick b1dbf7b Initial creation of program
    pick 98b26f9 Create Showing Class
    pick 04ceafe Add location property
    pick 32495b0 How many seats are there at this location
    pick 1207db1 Time of the showing
    pick ad35c32 Modify to take list of show times
    pick 69837b7 Remove hello world
    pick b78229e Instantiate a showing
    pick 1516f7b Add the location
    pick 0768ee0 Enter number of seats
    pick 3fb0eda Add showtimes
新  pick 70d0373 Add midnight
```

▲ 執行 Interactive rebase 前

開發者修改成下圖的樣子:

用 d 刪除這一個 commit, 因
為它被下一列 commit 取代了

```
pick b1dbf7b Initial creation of program
pick 98b26f9 Create Showing Class
pick 04ceafe Add location property
pick 32495b0 How many seats are there at this location
d 1207db1 Time of the showing
pick ad35c32 Modify to take list of show times
pick 69837b7 Remove hello world
pick b78229e Instantiate a showing
s 1516f7b Add the location
s 0768ee0 Enter number of seats
s 3fb0eda Add showtimes
s 70d0373 Add midnight
```

舊

新

同時用 s 將這些項目壓縮到一個 commit 中

　　在編輯器儲存後, 有時可能不會風平浪靜 (別忘了我們是在修改歷史), 下
圖 demo 的是萬一收到衝突警告怎麼辦 (編：您在操作時若沒遇到下圖的衝
突畫面沒關係, 可觀摩萬一遇到了該怎麼解決, 就跟第 4 章介紹的合併衝突解
法差不多) :

執行 Interactive rebase 遇到衝突

```
error: could not apply ad35c32... Modify to take list of show times
Resolve all conflicts manually, mark them as resolved with
"git add/rm <conflicted_files>", then run "git rebase --continue".
You can instead skip this commit: run "git rebase --skip".
To abort and get back to the state before "git rebase", run "git rebase --abort".
Could not apply ad35c32... Modify to take list of show times
Auto-merging RockyHorror/Showing.cs
CONFLICT (content): Merge conflict in RockyHorror/Showing.cs
```

　　上圖中, 可以看到 Git 提供許多解決方案：可以修復衝突然後執行
rebase --continue 繼續 rebase；或執行 rebase --skip 跳過衝突的 commit…
等等。開發者這時先回到 GitHub Desktop 看看是否出現什麼錯誤資訊：

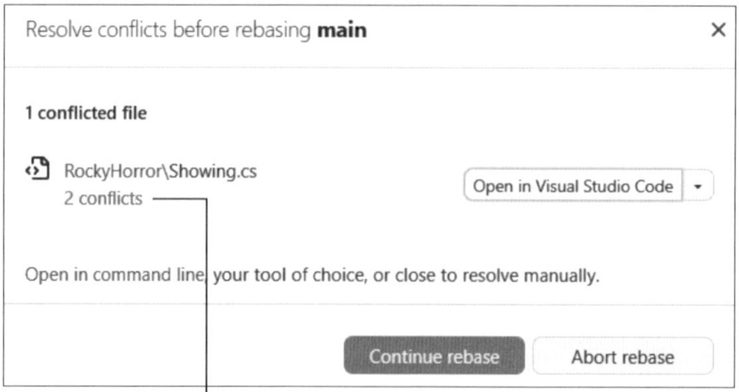

GitHub Desktop 也顯示有衝突發生

上圖中 GitHub Desktop 偵測到衝突發生了，並提供開啟編輯器來檢視衝突的功能。這裡用 Visual Studio Code 開啟：

=== 分段線的上、下顯示著衝突的地方

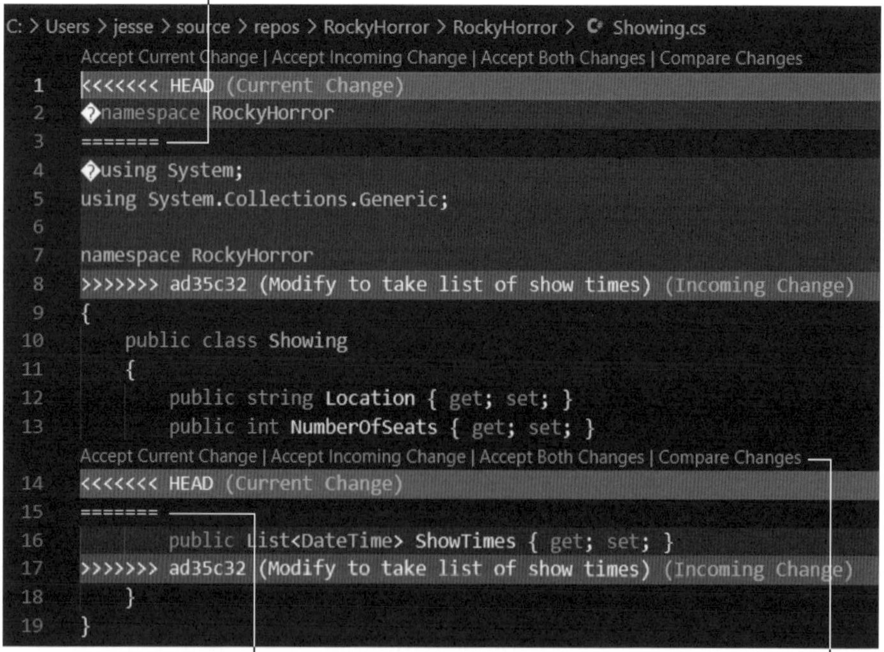

=== 分段線的上、下顯示著衝突的地方

以 Visual Studio Code 為例，會提供一個小選單，讓你從兩個中選擇一個接受，或同時接受兩個變更

經過修改, 整理成如下內容:

```
using System;
using System.Collections.Generic;
namespace RockyHorror
{
    public class Showing
    {
        public string Location { get; set; }
        public int NumberOfSeats { get; set; }
        public List<DateTime> ShowTimes { get; set; }
    }
}
```

最後保存並關閉檔案。當回到 command line 工具時, 重新將修改後的檔案加入整備區, 然後告訴 Git 繼續執行操作:

執行
```
git add .
git rebase --continue
```

Visual Studio Code 會再次打開, 讓你修改 commit 的資訊。再次儲存並關閉檔案後, Visual Studio Code 會第三次打開, 讓你修改所有資訊。這次儲存並關閉後, Git 會告知 Interactive rebase 已經成功, 至此這個演練就告一段落了:

```
1 file changed, 13 insertions(+)
Successfully rebased and updated refs/heads/main.
```

Interactive rebase 執行成功

MEMO

7

製作儲存庫副本 (mirror)、notes 與 tag 等實用指令

在本章中，我們將介紹 Git 的 notes 與 tag 指令，從現在開始我們的操作也不會費時從頭建立儲存庫、新增一大堆 commits，而會介紹 mirror (鏡像) 儲存庫的做法，直接複製一個既有的儲存庫做為操作使用。

7.1 製作儲存庫副本

mirror 儲存庫的技巧對於學習本書甚為方便, 一旦產生一個儲存庫副本, 您就可以盡情操作這個副本, 不用擔心弄亂原本的儲存庫。在介紹 notes 這個指令前, 我們就先示範如何 mirror 一個儲存庫來用。

要 mirror 的目標得有一定數量的 commit 才方便我們後續解說, 上一章最後我們建立了一個 RockyHorror 的儲存庫 (編：讀者可以拿手邊任一個本機儲存庫來操作), 我們就鎖定它為 mirror 的目標。我們先在本機打開該儲存庫, 查看一下 log：

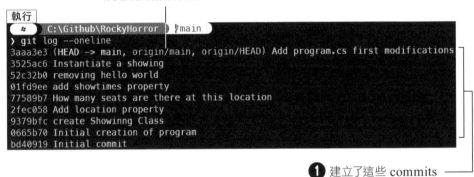

❷ 同時也已經 push 上 Github, 跟遠端的儲存庫同步了

執行

```
C:\Github\RockyHorror    ⑂main
> git log --oneline
3aaa3e3 (HEAD -> main, origin/main, origin/HEAD) Add program.cs first modifications
3525ac6 Instantiate a showing
52c32b0 removing hello world
01fd9ee add showtimes property
77589b7 How many seats are there at this location
2fec058 Add location property
9379bfc create Showinng Class
0665b70 Initial creation of program
bd40919 Initial commit
```

❶ 建立了這些 commits

正如你看到的, 這個儲存庫有 9 個 commit, 用於本章的操作已經足夠了。要將這個儲存庫的完整內容 (包括所有 commit、程式內容…等等) mirror 到另一個儲存庫中, 可用 Git 提供的 **--mirror** 參數, 待會就會看到怎麼做。

7.1.1 在 Gitub 在建立一個空的儲存庫副本

現在需要一個儲存庫存放 mirror 的內容, 首先到 GitHub 建立一個新儲存庫 (本例命名為 RockyHorror2)：

建立新儲存庫

Owner *　　　　　　Repository name *

🤵 tristanchang ▾　/　RockyHorror2 ─────　✓

Great repository are short and memorable. Need inspiration? How about **glowing-octo-adventure**?

Description (optional)

Mirror of RockyHorror

○ 📖 **Public**
　　Anyone on the internet can see this repository. You choose who can commit.

◉ 🔒 **Private**
　　You choose who can see and commit to this repository.

Initialize this repository with:
Skip this step if you're importing an existing repository.

☑ **Add a README file**
　　This is where you can write a long description for your project. Learn more.

Add .gitignore
Choose which files not to track from a list of templates. Learn more.

.gitignore template: VisualStudio ▾

Choose a license
A license tells others what they can and can't do with your code. Learn more.

License: MIT License ▾

7.1.2　在本地端的 RockyHorror 儲存庫執行 mirror 指令

　　我們接著要用既有的 RockyHorror 內容 (程式檔案、commits 等) 覆蓋剛建好的 RockyHorror2, 讓 RockyHorror2 成為跟 RockyHorror 內容完全一樣的副本。

　　為此, 要先確認已在 command line 工具切換到本地端的 RockyHorror 儲存庫, 用 **git push --mirror** 指令將儲存庫的內容 push 到伺服器上的 RockyHorror2 儲存庫。由於指令中需要 RockyHorror2 新儲存庫的位置, 因此要先到 GitHub 上找到複製位置的按鈕:

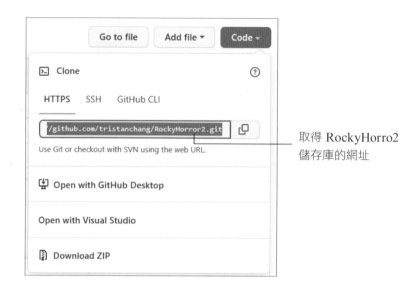

取得 RockyHorro2
儲存庫的網址

　　在 command line 工具中, 要確認位於 RockyHorror 的資料夾。現在已
準備好執行 mirror 指令。重申一下, mirror 指令會將 RockyHorror 儲存庫
的內容 push 到伺服器端, 覆蓋 RockyHorror2 原先存在的所有內容 (在本例
中會覆蓋 README.md、LICENSE 和 .gitignore 檔案):

將 RockyHorror 的內容 push 到 RockyHorror2

```
執行
     C:\Github\RockyHorror    main
> git push --mirror https://github.com/tristanchang/RockyHorror2.git
Enumerating objects: 47, done.
Counting objects: 100% (47/47), done.
Delta compression using up to 4 threads
Compressing objects: 100% (45/45), done.
Writing objects: 100% (47/47), 7.94 KiB | 0 bytes/s, done.
Total 47 (delta 16), reused 4 (delta 0), pack-reused 0
remote: Resolving deltas: 100% (16/16), done.
To https://github.com/tristanchang/RockyHorror2.git
 + 6c70427...3aaa3e3 main -> main (forced update)
 * [new reference]   origin/HEAD -> origin/HEAD
 * [new reference]   origin/main -> origin/main
```

　　上圖看到 Git 會執行一些操作, 最終將所有內容從 RockyHorror 複製到
RockyHorror2。

執行後回到 GitHub 查看 RockyHorror2 是否已經更新, 內容應該會與 RockyHorror 完全相同 (如果沒有看到, 請記得刷新一下畫面) :

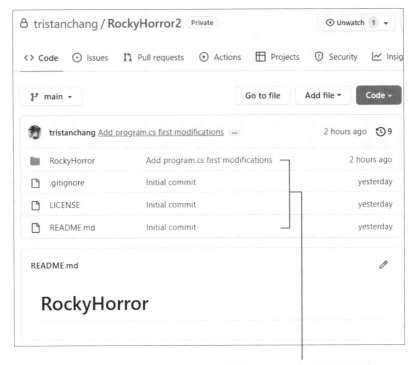

檢視 mirror 完成的副本內容

在上圖中, 首先注意最上方顯示現在位於 RockyHorror2 中, 但是如果查看 README, 會是顯示 RockyHorror, 這是因為 README 檔案來自原本的 RockyHorror 儲存庫。另外留意到這些檔案不是幾分鐘前的檔案, 而是昨天的；那是因為作者昨天在原本的 RockyHorror 儲存庫修改了這些檔案, 總之, 這完全是 RockyHorror 的複製品。

7.1.3 將遠端的 RockyHorror2 儲存庫 clone 回電腦

現在回到本機電腦上的 RockyHorror2。咦？它不存在嗎？當然, 因為我們剛剛只 mirror 內容到伺服器上。如果想要一個 RockyHorror2 本機儲存

庫, 還需要 clone 這個新儲存庫回電腦。可以用先前學到的 Powershell、
Visual Studio 或 GitHub Desktop (或喜歡的任何其他 GUI 工具, 例如 VS
Code、SourceTree 在撰寫本文時也很流行) 執行此操作。

clone 時請確認是新儲存庫的位置:

執行 clone 指令將 RockyHorror2 複製回電腦

clone 完成

現在你可切換到新的 RockyHorror2 資料夾, 然後檢視一下資訊:

查看新儲存庫的 log

要注意的重點是 commit 以及 HEAD 和 origin 的指向位置都與原本的
RockyHorror 相同, 連 ID 也是相同的!就 Git 而言, 這只是原本 Repo 的另
一個副本。從現在開始, 你可以更改其中一個不用擔心會影響到另一個。

7.2 利用 notes 指令添加 commit 的說明

接著要介紹如何用 notes 指令對 commit 添加額外的說明。notes 這個指令就只是將一段文字附加到已在儲存庫中的 commit 上。常見用法是描述一個 commit 與其他 commit 的關係, 或者單純標記一個 commit 以便進行之後修改或 rebase, 也可能是為 commit 新增任何資訊。簡言之, notes 不會改變 commit 的內容, 它就像便利貼。

要新增 notes 可執行 **git notes** 指令, 例如若想對前面 "removing Hello World" 的 commit 新增 notes, 要做的就是取得它的 commit ID：52c32b0, 然後執行指令 (編：此處就請讀者換成自己的 ID)：

```
git notes add -m "Remove from program.cs" 52c32b0
```

執行 git notes 指令

```
執行
    C:\Github\RockyHorror2    ⑂main
> git notes add -m "Remove from program.cs " 52c32b0
    C:\Github\RockyHorror2    ⑂main
> git log
```

看一下 log (後面沒加 --onenote 就可以看完整一點的訊息)

執行 git log 後, 可在日誌中看到 notes, 資訊中會有一個 notes 說明：

```
commit 52c32b089129f05ba47ae47c3e1d15cf9d19c60d
Author: tristanchang <tristanchang@gmail.com>
Date:    Tue Aug 30 14:14:04 2022 +0800

    removing hello world

Notes:
    Remove from program.cs
```

查看附加上去的 notes

如果想再看詳細一點的內容，回憶一下 4.1 節介紹過的 **git show** 指令：

7.3 使用 tag 指令註記關鍵的 commit

　　tag 功能可賦予 commit 一個名稱，特別的是在檢視歷程時會顯眼地顯示在清單上。例如可將某個 commit tag 為開發者版本，另一個 tag 為一般版本，作者習慣將每次發布新版本這種重要時刻都 tag 下來，這樣就可以從前後 tag 清楚知道各重要版本間有做了哪些 commit。

　　來實作看看。我們回顧一下本例的 commit 歷程，我們可能決定 "Enter show times" 這個 commit 是建立 Show 物件的最後一次 commit，我們想強調這一點，這時可利用前一節介紹的 notes，但用 tag 在檢視時會更直觀。

　　tag 有兩種類型，**簡單標籤**和**帶註解標籤**。我們先從簡單標籤開始。

7.3.1 建立簡單標籤

建立簡單標籤的指令如下：

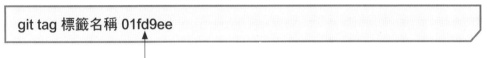

git tag 標籤名稱 01fd9ee

要替哪個 commit ID 上標籤

如你所見用了關鍵字 tag, 後面跟著標籤內容 (一個單詞, 注意, **不用引號**) , 然後是要標記的 commit ID。

下圖是替某 commit 新增標籤的前後差異：

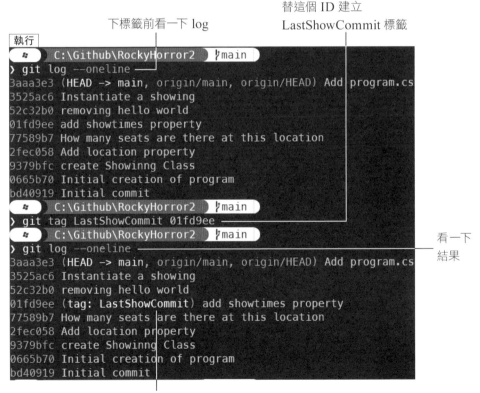

執行

替這個 ID 建立
LastShowCommit 標籤

下標籤前看一下 log

```
C:\Github\RockyHorror2  ♭main
> git log --oneline
3aaa3e3 (HEAD -> main, origin/main, origin/HEAD) Add program.cs
3525ac6 Instantiate a showing
52c32b0 removing hello world
01fd9ee add showtimes property
77589b7 How many seats are there at this location
2fec058 Add location property
9379bfc create Showinng Class
0665b70 Initial creation of program
bd40919 Initial commit
  C:\Github\RockyHorror2  ♭main
> git tag LastShowCommit 01fd9ee
  C:\Github\RockyHorror2  ♭main
> git log --oneline
3aaa3e3 (HEAD -> main, origin/main, origin/HEAD) Add program.cs
3525ac6 Instantiate a showing
52c32b0 removing hello world
01fd9ee (tag: LastShowCommit) add showtimes property
77589b7 How many seats are there at this location
2fec058 Add location property
9379bfc create Showinng Class
0665b70 Initial creation of program
bd40919 Initial commit
```

看一下
結果

下好的標籤, 處在很顯眼的位置 (編：若有多
個標籤, 就可以很容易知道標籤之間的差異)

第二種標籤是帶註解標籤, 指令如下 :

git tag -a 標籤名稱 01fd9ee -m "註解訊息"

指定要替哪個 commit ID 上標籤

操作如下圖所示 :

添加帶註解的標籤

```
       C:\Github\RockyHorror2   ⨯main
> git tag -a TestofShowobject 3525ac6 -m "Mark switch to testing the show object"
       C:\Github\RockyHorror2   ⨯main
>
```

當用 oneline 顯示日誌時, 它外觀就像一個簡易標籤 :

外觀跟簡易標籤一樣

```
       C:\Github\RockyHorror2   ⨯main
> git log --oneline
3aaa3e3 (HEAD -> main, origin/main, origin/HEAD) Add program.cs first
3525ac6 (tag: TestofShowobject) Instantiate a showing
52c32b0 removing hello world
01fd9ee (tag: LastShowCommit) add showtimes property
77589b7 How many seats are there at this location
2fec058 Add location property
9379bfc create Showinng Class
0665b70 Initial creation of program
bd40919 Initial commit
```

如果你用 "git show 標籤名稱" 指令, 就可進一步看到標籤的詳情, 包括何時創建以及由誰創建 :

標籤的創建資訊

更詳細的標
籤註解內容

7.3.3 修改 tag 所指向的 commit

如果你創建了標籤，但附加到錯誤的 commit 上，可以用 **force** 參數變更
指向的內容。例如下圖是目前的 commit 清單：

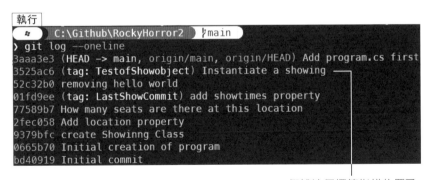

假設這個標籤指錯位置了

目前 TestOfShowObject 這個標籤指向 3525ac6，假設我們想將其指向
後一個更新的 commit (3aaa3e3)。因此可以執行：

```
git tag -f TestOfShowObject 3aaa3e3
```

這邊用上了 -f (force) 參數, 確保 Git 不會發出 Fatal: tag 1 alread 的錯誤資訊:

使用 force 參數重新定義標籤

```
執行
    C:\Github\RockyHorror2    ⌁main
> git tag -f TestOfShowObject 3aaa3e3
Updated tag 'TestOfShowObject' (was 4c58619)
    C:\Github\RockyHorror2    ⌁main
> git log --oneline
3aaa3e3 (HEAD -> main, tag: TestOfShowObject, origin/main, origin/HEAD) Add program.cs
3525ac6 Instantiate a showing
52c32b0 removing hello world
01fd9ee (tag: LastShowCommit) add showtimes property
77589b7 How many seats are there at this location
2fec058 Add location property
9379bfc create Showinng Class
0665b70 Initial creation of program
bd40919 Initial commit
```

該標籤已移至指定的 commit

7.3.4 刪除標籤

如果需要, 可以用 -d 參數刪除標籤:

git tag -d 標籤名稱

Git 已確認刪除, 下方的日誌中已看不到該標籤

```
執行
    C:\Github\RockyHorror2    ⌁main
> git tag -d TestofShowObject
Deleted tag 'TestofShowObject' (was 3aaa3e3)
    C:\Github\RockyHorror2    ⌁main
> git log --oneline
3aaa3e3 (HEAD -> main, origin/main, origin/HEAD) Add program.cs
3525ac6 Instantiate a showing
52c32b0 removing hello world
01fd9ee (tag: LastShowCommit) add showtimes property
77589b7 How many seats are there at this location
2fec058 Add location property
9379bfc create Showinng Class
0665b70 Initial creation of program
bd40919 Initial commit
```

8

Chapter

建立指令的別名
(alias)

覺得輸入指令很花時間？本章我們將學習用 Git 的 alias 指令建立
指令，可以大大減少頻繁的輸入時間。alias 很簡單，本章也會分享
作者獨家愛用的別名，一起來看看。

8.1 alias 指令的使用介紹

熟悉程式一定對別名 (alias) 不陌生, 我們也可以建立 Git 各指令的別名, 能短一點是一點。例如有個別名 st, 它表示顯示當前的狀態。因此當執行：

```
git st
```

就如同執行：

```
git status
```

■ 範例 1：查看狀態

下面會介紹作者推薦的常用別名, 我們先來看看別名是如何建立的。假設要建立 st 這個別名來做到跟 status 一樣的事, 就輸入如下：

```
git config --global alias.st status
```

別名的名稱　　　等於執行哪個指令

當然上面你不一定要寫 --global, 也可以是 --system 或 --local。就個人而言, 作者都是用 global, 因為我是這電腦唯一使用者, 我希望在哪種層級都始終可用。

■ 範例 2：建立並切換分支

下面是個稍微複雜的別名, 可建立一個分支並切換到該分文：

```
git config --global alias.bc checkout -b
```

以 bc 做為別名

這裡要注意的重點是, 同一個指令可以建立多個別名, 例如作者永遠不記得到底是 bc 還是 cb, 所以又建立一個執行相同指令的別名:

```
git config --global alias.cb checkout -b
```

以 cb 做為別名

■ 範例 3:送出 commit 及訊息

還可建立一個常使用的別名, 用以送出 commit 及訊息:

```
git config --global alias.cam "commit -a -m"
```

以 cam 做為別名 ── 編:請注意!如果指令中要使用多個參數, 請用雙引號將指令包起來

如此一來, 當執行 **git cam** 時, 就可提交所有內容以及 commit 訊息:

執行
```
git cam  "Here is my message"
```

■ 範例 4:單行顯示 log 並提示異動的檔名

底下這個也是作者常用的, 因為原指令實在有點長:

```
git config --global alias.nx  "log --name-only --oneline"
```

以 nx 做為別名 ── 這邊要用雙引號, 因為指令內有多個參數

■ 範例 5：改造版 log (自訂您想查看的資訊)

最後這是作者最喜歡的別名：

建立簡短的 lg 別名

```
git config --global alias.lg "log --graph --pretty=format:'%Cred%h%Creset
-%C(yellow)%d%Creset %s %Cgreen(%cr) %C(yellow)<%an>%Creset' --abbrev-commit"
```

這是用來取代 log --oneline，能顯示更多的資訊：

```
> git lg
* 3aaa3e3 - (HEAD -> main, origin/main, origin/HEAD) Add program.cs first modifications
* 3525ac6 - Instantiate a showing (23 hours ago) <tristanchang>
* 52c32b0 - removing hello world (23 hours ago) <tristanchang>
* 01fd9ee - (tag: LastShowCommit) add showtimes property (24 hours ago) <tristanchang>
* 77589b7 - How many seats are there at this location (24 hours ago) <tristanchang>
* 2fec058 - Add location property (24 hours ago) <tristanchang>
* 9379bfc - create Showinng Class (24 hours ago) <tristanchang>
* 0665b70 - Initial creation of program (2 days ago) <tristanchang>
* bd40919 - Initial commit (2 days ago) <tristanchang>
```

從左到右解析一下上圖，首先 Commit ID 旁跟著訊息，然後括號中顯示多久前提交的，以及是由誰提交的。如上圖第四列所示，如果有 tag，則會顯示在提交資訊之前，而指標 (例如 HEAD) 會接著顯示在 commit ID 之後。

大致把 git lg 所做的事拆分一下：

commit ID

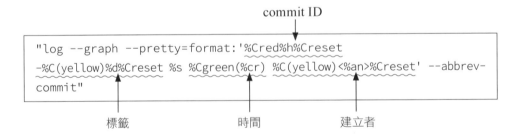

```
"log --graph --pretty=format:'%Cred%h%Creset
-%C(yellow)%d%Creset %s %Cgreen(%cr) %C(yellow)<%an>%Creset' --abbrev-
commit"
```

標籤　　　　　　時間　　　　建立者

被 %C 和 %Creset 包住的部分表示各種顏色的設置。某些顯示項目用快捷的方式表示，例如 %h，表示顯示 ID。因此若要用紅色顯示 ID，就設置為 '%Cred%h%Creset。

8.2 查看建立 alias 後的 config 檔內容

以上所設定的這些別名都儲存在 config 組態檔中，你可以執行以下指令
來查看：

```
執行
 C:\Github\RockyHorror2  ⌘main
> git config --edit --global
hint: Waiting for your editor to close the file...
```

執行這行指令

這會在編輯器中開啟 config 組態檔。裡面會看到許多設定區塊，其中一
區就是 alias 設定區：

```
.gitconfig ✕
C: > Users > Tristan > .gitconfig
1   [user]
2       name = tristanchang
3       email = tristanchang@gmail.com
4   [core]
5       editor = code -w
6       quotepath = false
7   [alias]
8       date = !date
9       st = status
10      bc = checkout
11      cb = checkout
12      cam = commit -a -m
13      nx = log --name-only --oneline
14      lg = log --graph --pretty=format:'%Cred%h%Creset -%C(yellow)%d%Creset %
15
16
17  [filter "lfs"]
18      process = git-lfs filter-process
```

這些是我們前面
所建立的

別名的設定區

如果你想要，也可以直接在編輯器內新增別名。用 Git 久了，您會愈來愈
覺得輸入指令實在很耗時 (尤其是還要加上參數的那些)，alias 正是縮短冗長
指令的便捷方式，有需要可以多多利用。

MEMO

_____

_____

_____

_____

_____

_____

_____

_____

9

log 指令的
進階用法

Git 中最重要的指令之一就是 git log, 在前面的章節已經看過 log
的基本用法, 本章再帶您詳細了解它。使用 log 指令可顯示每個
commit 的建立時間、建立者, 以及與 commit 相關的各種資訊, 例
如各版本的修改內容。本章就教您如何控制 log 要顯示的內容, 這
些主要會利用 command line 工具來操作。

9.1 備妥 LogDemo 範例程式

先快速建構一個 Github 儲存庫以及程式專案，便於本章的解說：

建立新儲存庫

Create a new repository

A repository contains all project files, including the revision history. Already have a project repository elsewhere? Import a repository.

Owner *
Repository name *

🔵 JesseLiberty ▾ / logdemo ——— ✓

Great repository names are short and memorable. Need inspiration? How about verbose-octo-waddle?

Description (optional)

A demo program of the log in git

⦿ 📖 **Public**
    Anyone on the internet can see this repository. You choose who can commit.

○ 🔒 **Private**
    You choose who can see and commit to this repository.

Initialize this repository with:
Skip this step if you're importing an existing repository.

☑ **Add a README file**
    This is where you can write a long description for your project. Learn more.

☑ **Add .gitignore**
    Choose which files not to track from a list of templates. Learn more.

    .gitignore template: VisualStudio ▾

☑ **Choose a license**
    A license tells others what they can and can't do with your code. Learn more.

    License: MIT License ▾

This will set ⑂ main as the default branch. Change the default name in your settings.

接著像之前章節所做的，將儲存庫 clone 製到本機上 (C:\Github\logdemo)，做為本機儲存庫：

```
SESA560987@DESKTOP-D21661F   C:\GitHub
❯ git clone git@github.com:JesseLiberty/logdemo.git
Cloning into 'logdemo'...
remote: Enumerating objects: 5, done.
remote: Counting objects: 100% (5/5), done.
remote: Compressing objects: 100% (4/4), done.
remote: Total 5 (delta 0), reused 0 (delta 0), pack-reused 0
Receiving objects: 100% (5/5), done.
SESA560987@DESKTOP-D21661F   C:\GitHub
❯
```

▲ 將要 demo 的儲存庫 clone 回本機

有了本機儲存庫就可準備下 log 指令查看 commit, 當然, 在此之前得先建立一個程式及一些 commits (編：如果您手邊已有現成的本機儲存庫, 可以略過底下內容, 直接閱讀 9.2 節, 若本機儲存庫的內容還是空的, 則可以參考底下 demo 的內容, 製作出一些 commits, 順道觀摩一下作者開發的日常)。

9.1.1 建立程式

首先在 logdemo 本機儲存庫中建立一個程式, 例如內容如下：

```
Program.cs
LogDemo                                          LogDemo
using System;

namespace LogDemo
{
    0 references | 1 author, 1 change
    public class Program
    {
        0 references | 1 author, 1 change
        static void Main(string[] args)
        {
            Console.WriteLine("Hello World!");
        }
    }
}
```

```
Microsoft Visual Studio Debug Console
Hello World!
```

目前的程式內容是預設的 Hello world

作者接著要建立一個第 3 章看過的 Calculator 類別，先新增一個 Calculator.cs 檔案，假設底下是 Calculator.cs 檔案裡面的 Calculator 類別內容。過程中每寫好一個 method 後都進行 commit，這些 commits 的細節在這邊就不詳列了：

```
namespace UtilityKnife
{
    public class Calculator
    {
        public double Add(double x, double y)
        {
            return x + y;
        }
        public double Subtract(double x, double y)
        {
            return x - y;
        }
        public double Multiply(double x, double y)
        {
            return x * y;
        }
        public int Division(int x, int y)
        {
            return x / y;
        }
        public double Division(double x, double y)
        {
            return x / y;
        }
        public double SquareRoot(double x)
        {
            return Math.Sqrt(x);
        }

    }
}
```

在 Calculator.cs 撰寫好所有 method 後, 也變更一下 Program.cs 主程式的內容, 我們來測試一下程式:

```csharp
using System;
using UtilityKnife;

namespace LogDemo

{
    public class Program
    {
        static void Main(string[] args)
        {
            var calculator = new Calculator();
            Console.WriteLine($"5+3 = {calculator.Add(5,3)} ");
            Console.WriteLine($"The square root of 3.14159 is
{calculator.SquareRoot(3.14159)}");
        }
    }
}
```

使用 Calculator.cs 當中的類別建立成物件

用建好的物件做運算

結果應顯示如下:

執行結果
```
5+3 = 8
The square root of 3.14159 is 1.77245310234149
```

以上是開發程式的日常。假設現在已經累積了許多 commits, 這些都是撰寫 Program.cs、Calculator.cs 的過程所產生的, 可以用我們在第 8 章自訂的 lg 別名指令來查看:

用 lg 別名檢視 commit 日誌

```
> git lg
bec9f25 | Exercise the program [Jesse Liberty] (12 seconds ago) (HEAD → main)
0b09cbe | Call the add function [Jesse Liberty] (12 seconds ago)
8fce349 | Instantiate the calculator [Jesse Liberty] (22 seconds ago)
71c5fb4 | Remove hello world [Jesse Liberty] (10 minutes ago)
f717ed7 | Add square root [Jesse Liberty] (10 minutes ago)
c755be8 | Add division [Jesse Liberty] (11 minutes ago)
c44fcc3 | Add integer division [Jesse Liberty] (12 minutes ago)
094e3d4 | Add the multiply method [Jesse Liberty] (12 minutes ago)
40c287a | Add the subtract method [Jesse Liberty] (13 minutes ago)
16aa1da | Add the add method [Jesse Liberty] (14 minutes ago)
9afca21 | Create calculator class [Jesse Liberty] (17 hours ago)
8798eac | Initial commit [Jesse Liberty] (17 hours ago)
e040fb0 | Initial commit [Jesse Liberty] (17 hours ago) (origin/main, origin/HEAD)
SESA560987@DESKTOP-D21661F   C:\GitHub\logdemo  } main ↑12
```

此例作者建立了 12 個 commits (編：讀者要建立幾個都行), 從最底下一行可以知道目前都沒有被 push, 因此現在領先 origin (GitHub 伺服器) 12 個 commit。這可透過 **status** 指令確認：

st 是我們在第 8 章替 status 所取的精簡別名

狀態顯示有 12 個要 push 的 commit

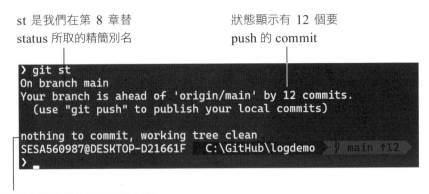

```
> git st
On branch main
Your branch is ahead of 'origin/main' by 12 commits.
  (use "git push" to publish your local commits)

nothing to commit, working tree clean
SESA560987@DESKTOP-D21661F   C:\GitHub\logdemo  } main ↑12
>
```

且目前工作目錄無任何異動內容

9.2 各種實用的 log 指令參數

9.2.1 單行顯示 log (git log --oneline)

在執行 git log 時, 可以加上各種參數來控制顯示的內容。第 8 章在建立 lg 這個別名時, 我們已看到如何使用 **log --oneline**, 這是前面各章我們經常使用的指令:

> git log --oneline

```
> git log --oneline
bec9f25 (HEAD → main) Exercise the program
0b09cbe Call the add function
8fce349 Instantiate the calculator
71c5fb4 Remove hello world
f717ed7 Add square root
c755be8 Add division
c44fcc3 Add integer division
094e3d4 Add the multiply method
40c287a Add the subtract method
16aa1da Add the add method
9afca21 Create calculator class
8798eac Initial commit
e040fb0 (origin/main, origin/HEAD) Initial commit
```

以單行顯示每個 commit 的訊息

--online 會在最左邊開始顯示 ID, 右側欄位列出每個 commit 的訊息。上圖透露的資訊是 origin/main 的指標還停留在最底卜的第一個 commit, 可以知道後續的那些 commits 都是本機端所做的, 還沒上傳到 GitHub 上。

9.2.2 哪些檔案被變更？(git log --name-only)

如果想知道各 commit 所動到的檔案是哪些, 可以用以下指令:

git log --name-only

顯示摘要如下：

```
commit 0b09cbedb60fdc23aaee5043df0ac0e33f73718b
Author: Jesse Liberty <JesseLiberty@non.se.com>
Date:   Mon Mar 1 08:34:02 2021 -0500

    Call the add function

LogDemo/LogDemo/Program.cs

commit 8fce349163962f4022ac0b1ea7e8761006f95447
Author: Jesse Liberty <JesseLiberty@non.se.com>
Date:   Mon Mar 1 08:32:03 2021 -0500

    Instantiate the calculator

LogDemo/LogDemo/Program.cs
```

截圖列出 2 個
commt 就好

上圖看到有兩個 commit。第一個 commit 說明是變更了 Program.cs 這個檔案的內容, 那時我們註記了 "Call the add function" 這個 commit 訊息, 還可看到完整的 ID、作者及 commit 的時間。

如果你想要稍微簡短一點, 也可以再加上前面看到的 --oneline 參數：

```
git log --name-only --oneline
```

這個 commit 變更的是 Program.cs 主程式

```
8fce349  | Instantiate the calculator [Jesse Liberty]  (23 minutes ago)

LogDemo/LogDemo/Program.cs
71c5fb4  | Remove hello world [Jesse Liberty]  (33 minutes ago)

LogDemo/LogDemo/Program.cs
f717ed7  | Add square root [Jesse Liberty]  (33 minutes ago)

LogDemo/LogDemo/Calculator/Calculator.cs
```

這個 commit 變更的是 Calculator.cs 類別定義程式

> **◆★編註** 上圖作者使用的 command line 介面會讓人有點混淆, 例如第二個
> commit 顯示 Remove hello world 訊息, 且該 commit 說明了是在 Program.cs
> 中進行變更, 但兩者中間的空行很容易很人以為兩者不是一組的。但沒關係, 想
> 知道哪個檔案與哪個 commit 應該一起看的最好方法就是從 ID 看起。

9.2.3 檔案中變更了什麼 (一) ? (git log -p)

我們還可以更進一步詢問 log 哪些檔案已變更以及其變更的內容。執行
此操作的指令是:

```
git log -p
```

```
commit bec9f25b77d4c02a57d33e074724f9e87f43e73c (HEAD → main)
Author: Jesse Liberty <JesseLiberty@non.se.com>
Date:   Mon Mar 1 08:39:07 2021 -0500

    Exercise the program

diff --git a/LogDemo/LogDemo/Program.cs b/LogDemo/LogDemo/Program.cs
index 3de7fa7..2ed69be 100644
--- a/LogDemo/LogDemo/Program.cs
+++ b/LogDemo/LogDemo/Program.cs
@@ -8,6 +8,7 @@ namespace LogDemo
     {
         var calculator = new Calculator.Calculator();
         Console.WriteLine($"5+3 = {calculator.Add(5, 3)}");
+        Console.WriteLine($"The square root of 3.14159 is {calculator.squareRoot(3.14159)}");
     }
   }
 }
```

透過 log -p 查看檔案的細部變更內容

在作者電腦上, 上圖的新增程式顯示為綠色, 也就是上圖左側有 + 號的
那一列, 這表示此列為新增的。如果現在打開 Program.cs 做更多修改, 例如
「移除平方根函式的使用, 並新增對除法函式的呼叫」, 再查一次 commit 的
詳細內容就會如下圖:

刪了這一行

```
commit 468d37909bb0ac61bef8ec57fbfe627b47ea4cc8 (HEAD → main)
Author: Jesse Liberty <JesseLiberty@non.so.com>
Date:   Mon Mar 1 09:15:49 2021 -0500

    Remove square root from test, add divide

diff --git a/LogDemo/LogDemo/Program.cs b/LogDemo/LogDemo/Program.cs
index 2ed69be..110b967 100644
--- a/LogDemo/LogDemo/Program.cs
+++ b/LogDemo/LogDemo/Program.cs
@@ -8,7 +8,7 @@ namespace LogDemo
         {
             var calculator = new Calculator.Calculator();
             Console.WriteLine($"5+3 = {calculator.Add(5, 3)}");
-            Console.WriteLine($"The square root of 3.14159 is {calculator.squareRoot(3.14159)}");
+            Console.WriteLine($"5/3 = {calculator.Divide(5/3)}");
         }
     }
 }
```

加了這一行

上圖 log 顯示計算平方根這一行已被刪除 (截圖上的紅色部分, 最左邊有一個減號) 並新增了除法 method 的使用 (再次注意最左邊的 ＋ 號)。

在此 commit 的資訊下方一點, 也看到了一行有趣的資訊:

```
diff --git a/LogDemo/LogDemo/Program.cs b/LogDemo/LogDemo/Program.cs
```

Git 主動用 **diff** 指令將原始版本 (a/LogDemo/LogDemo/Program.cs) 與新版本 (b/LogDemo/LogDemo/Program.cs) 做了比較, 因此用 log -p 可以看出檔案變更前後的差異。

9.2.4 檔案中變更了什麼 (二)？(git diff)

想知道檔案中變更了什麼, 你也可以主動使用 **diff** 指令, 會顯示自上次 commit 以來你所做的變更:

```
git diff
```

如果你在開發過程中突然被叫走, 回來時可能一時忘了先前的進度, 以及現在到底要做什麼, diff 就很好用。我們試著把平方根 method 加回來並刪除除法, 儲存後, 在 commit 前看一下變更：

減這一行　　執行 diff

```
> git diff
diff --git a/LogDemo/LogDemo/Program.cs b/LogDemo/LogDemo/Program.cs
index 110b967..8e26107 100644
--- a/LogDemo/LogDemo/Program.cs
+++ b/LogDemo/LogDemo/Program.cs
@@ -8,7 +8,7 @@ namespace LogDemo
         {
             var calculator = new Calculator.Calculator();
             Console.WriteLine($"5+3 = {calculator.Add(5, 3)}");
-            Console.WriteLine($"5/3 = {calculator.Divide(5/3)}");
+            Console.WriteLine($"The square root of 5 = {calculator.squareRoot(5.0)}");
         }
     }
 }
SESA560987@DESKTOP-D21661F    C:\GitHub\logdemo  ⊱ main ↑13 +0 ~1 -0 !
```

加這一行

這跟前面範例很像, 只是它顯示了工作資料夾的內容與上一次 commit 間的差異。

在 Visual Studio 內查詢

假設我正在開發程式, 在 Calculator.cs 類別檔案中新增了 Absolute 這個 method：

```
public double Absolute (double x)
 {
     return Math.Abs(x);
 }
```

接下頁

儲存程式後，開始開發其他部分的程式。當回頭要繼續開發 Calculator.cs 時，我知道之前有修改過，但不記得改過什麼了。這時若是在 Visual Studio 中，就可以右鍵點擊 Calculator.cs 並選擇「**Git / Compare with Unmodified**」：

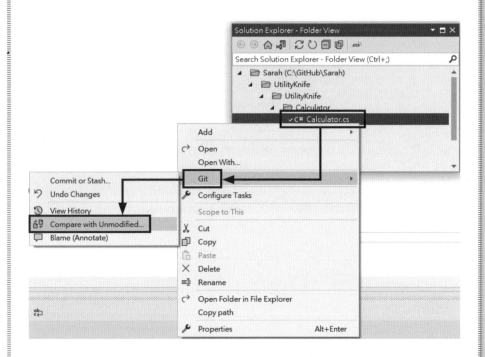

Visual Studio 會顯示一個並排視窗，顯示自上次 commit 以來在此檔案中所做的更改：

```
public double squareRoot (double x)              34    1 reference | 1 author, 1 change
{                                                 35    public double squareRoot (double x)
    return Math.Sqrt(x);                          36    {
}                                                 37        return Math.Sqrt(x);
                                                  38    }

                                                        0 references, 0 authors, 0 changes
                                                  39    public double Absolute (double x)
                                                  40    {
                                                  41        return Math.Abs(x);
                                                  42    }
                                                  43
```

並排比較差異 (多了一段程式)

9.2.5 查看特定檔案的變更歷程 (git log <filename>)

如果要查看特定檔案的變更歷史記錄，可執行以下指令：

```
git log <filename>
```

下面我查詢了 Calculator.cs 的日誌 (提供完整路徑)，可看到該檔案的每個變更摘要：

查看 Calculator.cs 檔案的變更歷程

```
> git log LogDemo/LogDemo/Calculator/Calculator.cs
commit 623373c2dbfd0496fd3264984a3beb592b286c46 (HEAD → main)
Author: Jesse Liberty <JesseLiberty@non.se.com>
Date:   Mon Mar 1 09:42:16 2021 -0500

    Swap methods for demo

commit f717ed7bc9509640b6a4f9afff174aef0aa1e0e8
Author: Jesse Liberty <JesseLiberty@non.se.com>
Date:   Mon Mar 1 08:30:19 2021 -0500

    Add square root

commit c755be834c569bde58aed31c2743d5221b5519a8
Author: Jesse Liberty <JesseLiberty@non.se.com>
Date:   Mon Mar 1 08:29:31 2021 -0500

    Add division

commit c44fcc3cb1ad37371a12d8cfdfa390f85caad42c
Author: Jesse Liberty <JesseLiberty@non.se.com>
Date:   Mon Mar 1 08:28:53 2021 -0500

    Add integer division
```

也可用第 8 章自訂的 lg 指令讓顯示更容易閱讀：

用 lg 顯示變更歷程，同樣指定檔案即可

```
> git lg LogDemo/LogDemo/Calculator/Calculator.cs
623373c | Swap methods for demo [Jesse Liberty] (7 minutes ago) (HEAD → main)
f717ed7 | Add square root [Jesse Liberty] (79 minutes ago)
c755be8 | Add division [Jesse Liberty] (80 minutes ago)
c44fcc3 | Add integer division [Jesse Liberty] (81 minutes ago)
094e3d4 | Add the multiply method [Jesse Liberty] (81 minutes ago)
40c287a | Add the subtract method [Jesse Liberty] (82 minutes ago)
16aa1da | Add the add method [Jesse Liberty] (82 minutes ago)
9afca21 | Create calculator class [Jesse Liberty] (18 hours ago)
SESA560987@DESKTOP-D21661F   C:\GitHub\logdemo
```

在上圖中, lg 提供了它一般就會顯示的資訊, 記得, 這邊僅會列出您所指定的檔案喔！

9.2.6 找出包含特定字串的檔案 (git log -S)

假設想在所有 commit 中找出包含 calculator 字串的檔案, 可以用 -S 參數, 緊隨其後的是想搜尋的內容 (編：請注意中間不用空一格)：

中間不用空

git log -Scalculator

要搜尋的字串

這會回傳一個或多個檔案內包含 calculator 字串的所有 commit：

搜尋包含特定字串的 commit

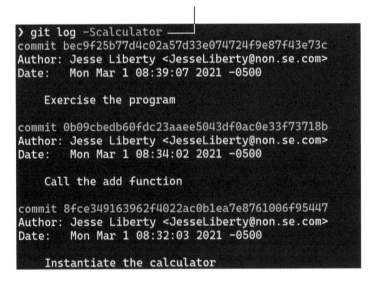

我們還可以用 lg 指令讓輸出更容易瀏覽：

改用 lg 指令搜尋

```
> git lg -Scalculator
bec9f25  | Exercise the program [Jesse Liberty] (76 minutes ago)
0b09cbe  | Call the add function [Jesse Liberty] (76 minutes ago)
8fce349  | Instantiate the calculator [Jesse Liberty] (76 minutes ago)
```

依作者經驗，搜尋功能或許不常用，但當你需要它時，別忘了 Git 所提供的搜尋功能。

9.2.7 我發的 commit 有哪些？(git lg --committer)

有時你只需要找出特定人員新增的 commit。這時你可用：

git lg --committer="Jesse"

加上 –committer 參數

以本書例子來說就是幾乎所有的 commit：

所有 Jesse 新增的 commit

```
> git lg --committer="Jesse Liberty"
623373c  | Swap methods for demo [Jesse Liberty] (21 minutes ago) (HEAD → main)
468d379  | Remove square root from test, add divide [Jesse Liberty] (48 minutes ago)
bec9f25  | Exercise the program [Jesse Liberty] (83 minutes ago)
0b09cbe  | Call the add function [Jesse Liberty] (83 minutes ago)
8fce349  | Instantiate the calculator [Jesse Liberty] (83 minutes ago)
71c5fb4  | Remove hello world [Jesse Liberty] (2 hours ago)
f717ed7  | Add square root [Jesse Liberty] (2 hours ago)
c755be8  | Add division [Jesse Liberty] (2 hours ago)
c44fcc3  | Add integer division [Jesse Liberty] (2 hours ago)
094e3d4  | Add the multiply method [Jesse Liberty] (2 hours ago)
40c287a  | Add the subtract method [Jesse Liberty] (2 hours ago)
16aa1da  | Add the add method [Jesse Liberty] (2 hours ago)
9afca21  | Create calculator class [Jesse Liberty] (18 hours ago)
8798eac  | Initial commit [Jesse Liberty] (18 hours ago)
```

請注意，搜尋有區分大小寫，搜尋 "jesse liberty" 不會傳回任何結果，而搜尋 "Jesse" 則可以。

若我只想要過去指定時間內 "Jesse Liberty" 的 commits, 可以再加上 **--since** 參數, 後面輸入任何時間, 時間的寫法很彈性, 例如 "one week"、"2 weeks"、"five day"、"5 days"、"80 minutes" 都可以：

注意 = 跟 " 之間不能有空白

```
git lg --since="80 minutes "
```

加上 --since 參數

會傳回篩選時間後的 commit 清單：

加入時間做為篩選條件

```
> git lg --committer="Jesse" --since="80 minutes"
623373c | Swap methods for demo [Jesse Liberty] (18 minutes ago) (HEAD → main)
468d379 | Remove square root from test, add divide [Jesse Liberty] (44 minutes ago)
bec9f25 | Exercise the program [Jesse Liberty] (80 minutes ago)
0b09cbe | Call the add function [Jesse Liberty] (80 minutes ago)
8fce349 | Instantiate the calculator [Jesse Liberty] (80 minutes ago)
```

將 commit 紀錄限制在特定時間可讓你更方便瀏覽變更的相關資訊。

9.2.8 常用 log 參數一覽

在本節中, 你看到了各種 git log 參數用法, 底下做個整理：

log 參數	說明
--online	每個 commit 只顯示一列
--name-only	每個 commit 中變更的檔案名稱
-p	查詢變更明細
git log <filename>	查詢某檔案的 commit 歷程
-Sfoo	列出檔案內容含 "foo" 關鍵字的 commit
--committer="name"	按 name 搜尋所有送出 commit 的人
--since="1 week"	在指定的時間內進行搜尋, 可與 commit 者一起使用

9.3 自訂 log、show 所顯示的參考資訊

在 Git 中, 將檢視訊息時所顯示的提交者、Email、提交時間、commit ID…等林林總總的參考資訊稱為 metadata, 每次執行 commit 或者合併等都伴隨著 metadata。8.1 節我們在取 git **lg** 這個日誌別名時, 就自訂了要顯示哪些資訊:

自行決定 git log 要顯示哪些參考資訊

```
> git lg
* 3aaa3e3 - (HEAD -> main, origin/main, origin/HEAD) Add program.cs first modifications
* 3525ac6 - Instantiate a showing (23 hours ago) <tristanchang>
* 52c32b0 - removing hello world (23 hours ago) <tristanchang>
* 01fd9ee - (tag: LastShowCommit) add showtimes property (24 hours ago) <tristanchang>
* 77589b7 - How many seats are there at this location (24 hours ago) <tristanchang>
* 2fec058 - Add location property (24 hours ago) <tristanchang>
* 9379bfc - create Showinng Class (24 hours ago) <tristanchang>
* 0665b70 - Initial creation of program (2 days ago) <tristanchang>
* bd40919 - Initial commit (2 days ago) <tristanchang>
```

如果您只是偶發性地想要看一些指定的 Metadata, 為此, 可以用 show 指令並以 **--format** 參數來指定, 例如:

用 show 指令搭配 --format 顯示部分資訊就好

```
> git show -s HEAD --format='%an <%ae> %h %d'
Jesse Liberty <jesseliberty@gmail.com> e16d191
  (HEAD → main, origin/main, origin/HEAD)
```

上面範例用 git show 查找作者姓名和電子郵件, 以及 ID 和顯示 main 位在何處...等 metadata 資訊。我們將其分解一下:

```
git show -s HEAD --format='%an <%ae> %h %D'
```

- **git show**：show 指令。

- **-s**：安靜模式, 表示不顯示內容差異 (diff) (可嘗試不帶此參數執行看看差異)。

- **HEAD**：告訴 show 指令對哪個 commit 感興趣 (HEAD 表示最新的那個)。

- **%an**：顯示作者姓名。

- **%ae**：顯示作者的電子郵件。

- **%h**：顯示 commit ID。

- **%d**：顯示 HEAD->main 這類的指標資訊。

若要單獨顯示某項目的 metadata, 指定 ID 就行：

用 show -s 顯示某 commit ID 的 metadata,
如此例只顯示 bf6b900 這個 ID

```
> git show -s bf6b900 --format='%an <%ae> %h %d'
Jesse Liberty <jesseliberty@gmail.com> bf6b900  (tag: LastShowCommit)
```

也可以顯示某 ID (不含) 開始、到某 ID 結束的 commits 項目：

顯示特定範圍的項目 (註：這
樣寫不會含 32495b0 這一個)

```
> git show -s 32495b0..f55eb4e --format='%an <%ae> %h %d'
Jesse Liberty <jesseliberty@gmail.com> f55eb4e
Jesse Liberty <jesseliberty@gmail.com> bb4927c
Jesse Liberty <jesseliberty@gmail.com> bf6b900  (tag: LastShowCommit)
```

10
Chapter

用 stash 指令
把工作存入暫存區

Git 提供豐富的指令和參數可以使用 (註:可在 http://git-scm.
com/docs 看到完整的清單),本章將介紹實務上也很好用的 git
stash 指令,由於各 GUI 工具的操作方式會有些差異,甚至有些可
能不會提供,因此我們主要就在 command line 環境下來實作。本
章的內容包括:

• 將未完成的修改存入 stash 暫存區 (stash 指令)

• 顯示 stash 暫存區的內容

• 從 stash 暫存區中取回內容

• 追加介紹:清除未追蹤檔案 (clean 指令)

10.1 便利的 git stash 暫存機制

第 3 章我們談到 Git 的 5 個區域時，其中一個位置就是 stash 暫存區，那時還沒深究 stash 是什麼，簡言之，stash 暫存區可以保存已修改但尚未 commit 的檔案修改內容：

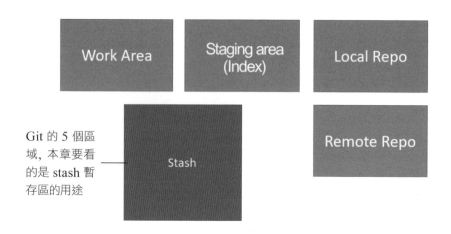

Git 的 5 個區域，本章要看的是 stash 暫存區的用途

假設你正在開發一項功能，突然被要求處理一個非常緊急的 bug，但此時你還沒準備好 commit 手邊正在修改後的程式，此時可以將目前的修改狀態先藏在某個地方，之後再取回繼續修改，這就是 stash 暫存區的用途了。

10.1.1 建立 RockyHorrorStash 儲存庫

為了演練 stash 的用法，先請讀者準備好一個有一些 commits 紀錄的儲存庫，您可以用 7.1 節介紹的 mirror 做法，從各章建好的本機儲存庫快速 mirror 一個副本來用。

一開始先在 GitHub建立一個空儲存庫供 mirror 之用：

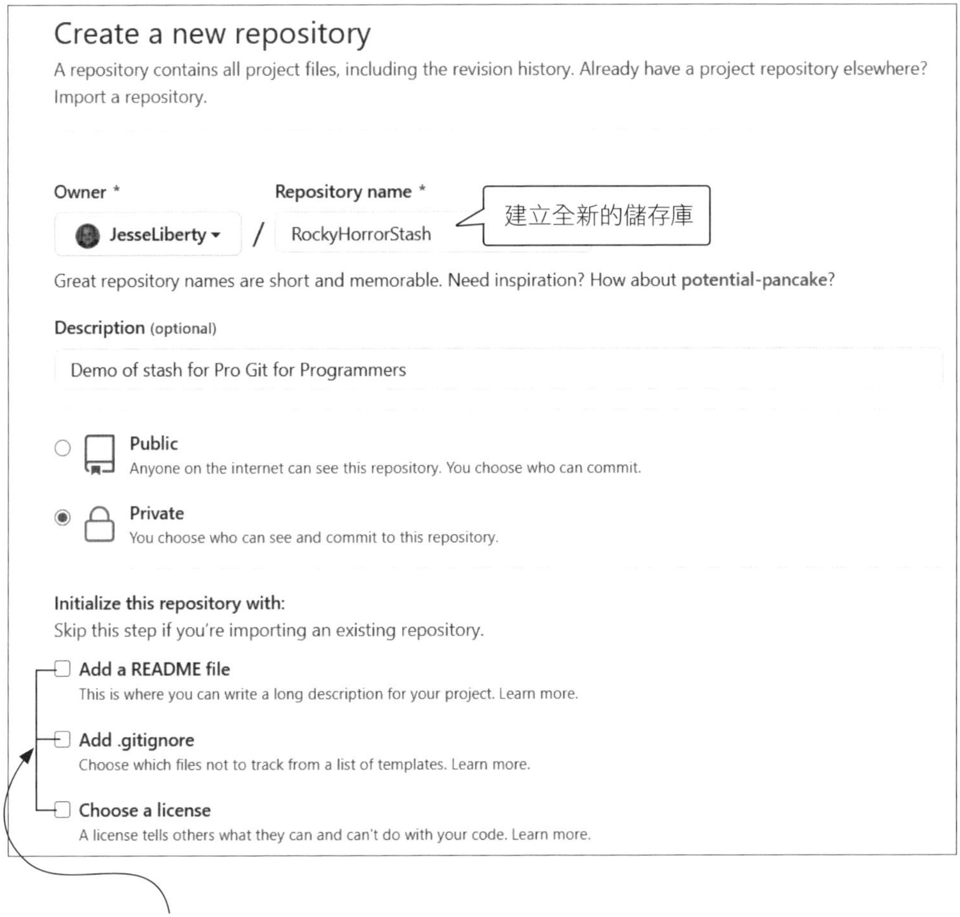

Create a new repository

A repository contains all project files, including the revision history. Already have a project repository elsewhere? Import a repository.

Owner *   Repository name *

🙂 JesseLiberty ▾   /   RockyHorrorStash   建立全新的儲存庫

Great repository names are short and memorable. Need inspiration? How about **potential-pancake**?

Description (optional)

Demo of stash for Pro Git for Programmers

○ 📖 **Public**
   Anyone on the internet can see this repository. You choose who can commit.

◉ 🔒 **Private**
   You choose who can see and commit to this repository.

Initialize this repository with:
Skip this step if you're importing an existing repository.

☐ **Add a README file**
   This is where you can write a long description for your project. Learn more.

☐ **Add .gitignore**
   Choose which files not to track from a list of templates. Learn more.

☐ **Choose a license**
   A license tells others what they can and can't do with your code. Learn more.

請注意上圖沒有建 Readme、.gitignore 和 License 檔案, 這在之後都會因為 mirror 的操作而被覆蓋掉 (詳情見 7.1 節的說明)。

在上圖執行 **Create Repository** 後, 就接著準備將先前任一個儲存庫的所有內容 mirror 到本章要操作儲存庫。請確認本機端已經切換至舊儲存庫的所在資料夾, 接著輸入下面指令：

```
jesse@Win10    ~ > source > repos > rockyhorror2   /main ≡
> git push --mirror https://github.com/JesseLiberty/RockyHorrorStash.git
Enumerating objects: 42, done.
Counting objects: 100% (42/42), done.
Delta compression using up to 8 threads
Compressing objects: 100% (23/23), done.
Writing objects: 100% (42/42), 7.78 KiB
Total 42 (delta 18), reused 39 (delta 18
remote: Resolving deltas: 100% (18/18),
To https://github.com/JesseLiberty/RockyHorrorStash.git
 * [new branch]      main → main
 * [new reference]   refs/notes/commits → refs/notes/commits
 * [new reference]   origin/HEAD → origin/HEAD
 * [new reference]   origin/main → origin/main
 * [new tag]         LastShowCommit → LastShowCommit
```

> 用 push --mirror 將舊儲存庫的內容 mirror 到新儲存庫 (本例新儲存庫的名稱為 RockyHorrorStash)

現在伺服器上已有 mirror 好的儲存庫, 但在本機端沒有, 所以將其 clone 到電腦上：

> 執行 clone 指令將新儲存庫複製回電腦

```
jesse@Win10    ~ > source > repos
> git clone https://github.com/JesseLiberty/RockyHorrorStash.git
Cloning into 'RockyHorrorStash'...
remote: Enumerating objects: 39, done.
remote: Counting objects: 100% (39/39), done.
remote: Compressing objects: 100% (21/21), done.
remote: Total 39 (delta 18), reused 39 (delta 18), pack-reused 0
Receiving objects: 100% (39/39), 7.53 KiB | 2.51 MiB/s, done.
Resolving deltas: 100% (18/18), done.
```

> clone 完成

好了, 現在本機端有一個可以操作的儲存庫, 請習慣性地執行 log 看看裡面的內容：

> 查看儲存庫的 log 資訊

```
git lg
e16d191 - (HEAD → main, origin/main, origin/HEAD) Add program.cs first modificatio
f55eb4e - Instantiate a showing (13 days ago) <Jesse Liberty>
bb4927c - Remove hello world (13 days ago) <Jesse Liberty>
bf6b900 - (tag: LastShowCommit) Enter show times (13 days ago) <Jesse Liberty>
32495b0 - How many seats are there at this location (13 days ago) <Jesse Liberty>
04ceafe - Add location property (13 days ago) <Jesse Liberty>
98b26f9 - Create Showing Class (13 days ago) <Jesse Liberty>
b1dbf7b - Initial creation of program (13 days ago) <Jesse Liberty>
d396657 - Initial commit (13 days ago) <Jesse Liberty>
```

10.1.2　stash 指令的演練操作

　　假設開發這個專案的過程中修改了兩個檔案。例如在 Showing.cs 修改 Showing 類別, 建立一個「統計賣出了多少盒爆米花」的 method (編：讀者可以拿手邊的儲存庫自行做兩處修改, 或照著作者的內容做, 改什麼都行, 重點是稍微記一下改了什麼, 才能感受到 stash 的妙用) :

```
namespace RockyHorror
{
    1 reference
    public class Showing
    {
        1 reference
        public string Location { get; set; }
        1 reference
        public int NumberOfSeats { get; set; }
        1 reference
        public List<DateTime> ShowTimes { get; set; }

        0 references
        public int PopcornSold { get; set; }              修改 Showing
                                                           類別
    }
}
```

　　接著修改 Program.cs, 讓 Brattle 劇院有 500 個座位 (此例原本值是 250) :

```
Program.cs  ╬ ×  Showing.cs
RockyHorror
    using System;
    using System.Collections.Generic;

    namespace RockyHorror
    {
        0 references
        class Program
        {
            0 references
            static void Main(string[] args)
            {
                var showing = new Showing();
                showing.Location = "Brattle ";
                showing.NumberOfSeats = 500;                修改 Program.cs
                showing.ShowTimes = new List<DateTime>      程式
                {
                    new DateTime (0,0,0,10,0,0),
                    new DateTime (0,0,0,13,0,0),
                    new DateTime (0,0,0,16,0,0),
                    new DateTime (0,0,0,19,0,0),
                    new DateTime (0,0,0,22,0,0),
                    new DateTime (0,0,0,0,0,1)
                };
            }
        }
    }
```

現在執行 **git status** 指令查看狀態, 會偵測到工作區有您剛才修改過的檔案:

用第 8 章建立的別名指令檢視狀態

```
> git st
On branch main
Your branch is up to date with 'origin/main'.

Changes not staged for commit:
  (use "git add <file>..." to update what will be committed)
  (use "git restore <file>..." to discard changes in working directory)
        modified:   RockyHorror/Program.cs
        modified:   RockyHorror/Showing.cs

no changes added to commit (use "git add" and/or "git commit -a")
```

Git 偵測到這兩個檔案有修改

■ 執行 stash 指令

雖然還有更多開發工作要做, 但這時經理打電話來, 跟我們說另一個專案發生了緊急的錯誤, 這時 stash 暫存區就可以派上用場了。此時雖然也可以將目前修改的東西 commit 出去, 但程式才寫到一半, 功能都沒有完備, 因此可先將這些修改放到 stash 暫存區中:

```
git stash
```

將目前的修改狀態加入
stash 暫存區中

```
> git stash
Saved working directory and index state WIP on main:
e16d191 Add program.cs first modifications
```

執行 git stash 後, Git 會將工作區和整備區 (即 index 索引區) 中的所有內容放入 stash 暫存區中, 不會執行 commit。此時工作區會回到修改前的狀態, 以這裡 demo 的例子就是回復到 "Add program.cs first modifications " 這個 commit 的版本, 也就是修改前述兩個檔案時的那個版本 (編:待會會驗證這一點)。

■ 查看 stash 暫存區的內容

接著可用 **stash list** 指令查看目前 stash 裡面的內容:

```
git stash list
```

查看 stash 暫存區的內容

```
> git stash list
stash@{0}: WIP on main: e16d191 Add program.cs first modifications
```

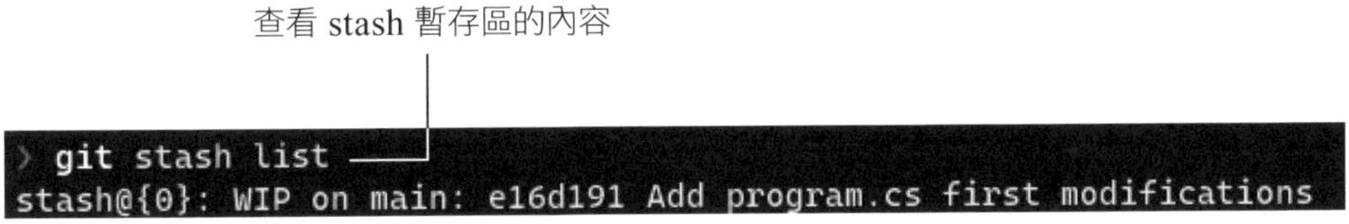

上圖看到編號 0 的 stash 項目 (Git 是寫成 stash@{0}), 此外也看到 main 加上 WIP 的名稱, WIP 表示正在進行中的工作 (Work In Progress), 待會會教您如何進一步查看裡面的內容。

■ 再次執行 stash 指令

現在我們已經加了一個項目在 stash 暫存區中。當你修復好那個非常重要的錯誤, 回到手邊的工作時, 你的老闆又打來說停止手上工作去修復另一個致命錯誤。又一次, 你需要 stash 目前的工作, 這邊我們就稍微修改一下主程式就好, 然後再次 stash 起來, 例如我們回來後修改了劇院的名稱:

修改劇院的名稱

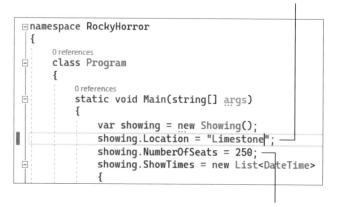

```
namespace RockyHorror
{
    0 references
    class Program
    {
        0 references
        static void Main(string[] args)
        {
            var showing = new Showing();
            showing.Location = "Limestone";
            showing.NumberOfSeats = 250;
            showing.ShowTimes = new List<DateTime>
            {
```

疑, 這裡有點奇怪?

嗯！10-5 頁作者不是將座位數增加到 500 個了嗎？現在是怎麼回事？哈！請記得我們剛剛把上一次的修改座位數 stash 起來了,那時工作區就已經重置了 (編:程式回復到座位數 250)。現在來看看狀態:

檢視狀態

```
> git st
On branch main
Your branch is up to date with 'origin/main'.

Changes not staged for commit:
  (use "git add <file>..." to update what will be committed)
  (use "git restore <file>..." to discard changes in working directory)
        modified:   RockyHorror/Program.cs

no changes added to commit (use "git add" and/or "git commit -a")
```

這個變更是指修改劇院的名稱

接著執行 git stash, 將修改劇院名稱 stash 起來:

```
> git stash
Saved working directory and index state WIP on main:
e16d191 Add program.cs first modifications
```

執行後, 工作區會再次回到修改劇院名稱前的狀態

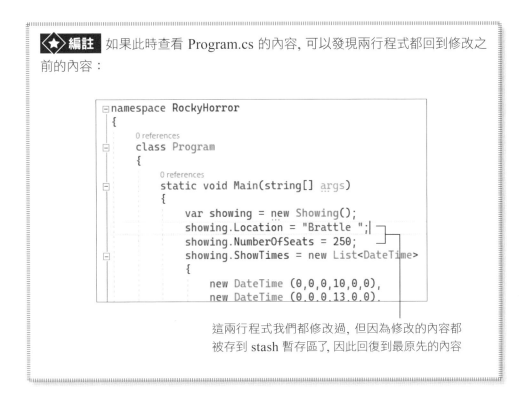

◆ 編註 如果此時查看 Program.cs 的內容, 可以發現兩行程式都回到修改之前的內容:

```
namespace RockyHorror
{
    0 references
    class Program
    {
        0 references
        static void Main(string[] args)
        {
            var showing = new Showing();
            showing.Location = "Brattle ";
            showing.NumberOfSeats = 250;
            showing.ShowTimes = new List<DateTime>
            {
                new DateTime (0,0,0,10,0,0),
                new DateTime (0,0,0,13,0,0),
```

這兩行程式我們都修改過, 但因為修改的內容都
被存到 stash 暫存區了, 因此回復到最原先的內容

現在有兩個項目在 stash 暫存區中, 檢視清單就可看到如下圖:

```
> git stash list
stash@{0}: WIP on main: e16d191 Add program.cs first modifications
stash@{1}: WIP on main: e16d191 Add program.cs first modifications
```

列出 stash 暫存區的內容 (編:注意! 編號 0
是指最「新」的那次修改, 原先最早的編號
0 在新 stash 項目產生後, 會變成編號 1)

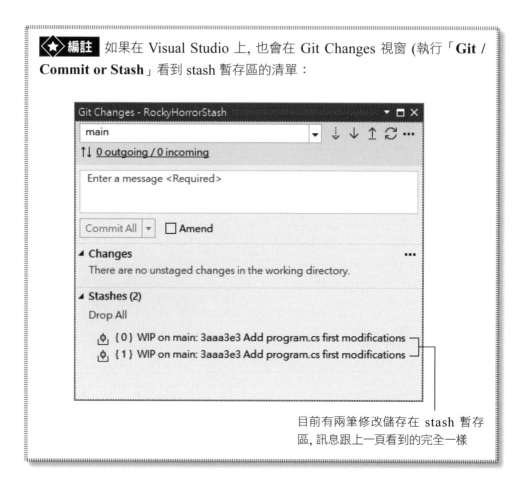

編註 如果在 Visual Studio 上, 也會在 Git Changes 視窗 (執行「**Git /
Commit or Stash**」看到 stash 暫存區的清單：

目前有兩筆修改儲存在 stash 暫存
區, 訊息跟上一頁看到的完全一樣

■ 檢視 stash 暫存項目的詳細內容

當你處理完緊急事情, 回到自己的專案時, 可能會想把 stash 暫存區的修
改搬回來, 但依作者經驗常會忘了改了什麼東西, 尤其若暫存區的項目一多,
實在很難回憶。此時可以用 **stash show -p** 指令來查看：

```
git stash show -p 'stash@{0}'
```

後面接 stash 項目的編號

加上 show -p 來檢視修改的內容

後面的 stash 項目編號可以在輸入
完 -p 之後, 按下 [TAB] 來切換,
會自動顯示出來, 不用手動輸入

執行 stash show -p 指令

```
> git stash show -p 'stash@{0}'
diff --git a/RockyHorror/RockyHorror/Program.cs b/RockyHorror/RockyHo
index 9ca207e..cbcd260 100644
--- a/RockyHorror/RockyHorror/Program.cs
+++ b/RockyHorror/RockyHorror/Program.cs
@@ -8,7 +8,7 @@ namespace RockyHorror
        static void Main(string[] args)
        {
            var showing = new Showing();
            showing.Location = "Brattle ";
            showing.Location = "Limestone";
            showing.NumberOfSeats = 250;
            showing.ShowTimes = new List<DateTime>
            {
```

例如最新的編號 0 是修改劇院名稱 (註:通常
會以不同顏色同時顯示 Before/After 的內容)

```
> git stash show -p 'stash@{1}'
diff --git a/RockyHorror/RockyHorror/Program.cs b/RockyHorror/RockyHorror
index 9ca207e..f7e3439 100644
--- a/RockyHorror/RockyHorror/Program.cs
+++ b/RockyHorror/RockyHorror/Program.cs
@@ -8,8 +8,8 @@ namespace RockyHorror
        static void Main(string[] args)
        {
            var showing = new Showing();
            showing.Location = "Brattle ";
            showing.NumberOfSeats = 250;
            showing.Location = "Brattle";
            showing.NumberOfSeats = 500;
            showing.ShowTimes = new List<DateTime>
```

例如編號 1 是修改座位數

■ 回復 stash 暫存區的內容

　　當確認好 stash 暫存區各項目的內容後, 若想將其回復到自己的工作區,
可以利用 **stash pop** 或者 **stash apply** 指令, 兩者的差異是前者在回復結果
後, 會刪除 stash 暫存區內的項目, 後者則不會刪除:

git stash pop 'stash@{0}'

後面指定 stash 項目的編號

加上 pop 回復 stash 暫存區內的某項目

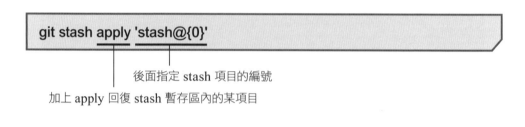

git stash apply 'stash@{0}'

後面指定 stash 項目的編號

加上 apply 回復 stash 暫存區內的某項目

例如這裡回復編
號 0 的修改內容

狀態已經回復到檔案變更狀態
(此時是修改了劇院名稱)

```
) git stash pop 'stash@{0}'
On branch main
Your branch is up to date with 'origin/main'.

Changes not staged for commit:
  (use "git add <file>..." to update what will be committed)
  (use "git restore <file>..." to discard changes in working directory)
        modified:   RockyHorror/RockyHorror/Program.cs

no changes added to commit (use "git add" and/or "git commit -a")
Dropped stash@{0} (9ea4efa288208a4ebf3aeb4705a68761462b46bf)
```

pop 指令同時會將 stash 暫存
區的已套用項目刪除 (drop 掉)

■ 直接刪除 stash 暫存區的內容

若 stash 暫存區內容的某項目您不想要了, 可以利用 **stash drop** 指令來
刪除, 當然, 要先確認好該修改您是否想回復, 再做刪除的動作:

```
git stash drop 'stash@{0}'
```

後面指定 stash 項目的編號

加上 drop 刪除 stash 暫存區內的某項目

若想一次清除 stash 暫存區的所有項目, 可以利用 **stash clear** 指令:

```
git stash clear  ←  刪除所有項目
```

10.2 用 clean 指令清除工作區的異動內容

用 git status 檢視狀態時若列出未追蹤的文件, 通常我們都會將它們 add 到整備區中以進行追蹤, 但有時可能會有不想要的未追蹤檔案:

```
> git st
On branch main
Your branch is up to date with 'origin/main'.

Untracked files:
  (use "git add <file> ..." to include in what will be committed)
        Untracked.cs

nothing added to commit but untracked files present (use "git add" to track)
```

未追蹤檔案

若你確認不想追蹤這個 Untracked.cs 檔案, 也可以刪除它。為此我們可執行 **git clean**:

```
git clean  ←  清除未追蹤的檔案
```

透過 clean 移除未追蹤檔案, 但執行失敗

```
> git clean
fatal: clean.requireForce defaults to true and neither -i,
       -n, nor -f given; refusing to clean
```

　　執行失敗的原因是 git clean 是為數不多具有破壞性的指令之一, 一旦執行, 這些未追蹤的檔案就會消失 (註：檔案真的被刪除), 再也不會被看到, 所以 Git 直接回應 "拒絕清理"。若真的確定要清理, Git 要求加上 **-f** (force) 這個強制執行參數告訴它你是認真的：

執行 clean, 並加上 -f 參數, 執行成功

```
> git clean -f
Removing Untracked.cs
```

MEMO

11
Chapter

用 bisect 和 blame 指令揪出 有問題的 commit

程式 bug 是開發時免不了會發生的, 經過一段時間你可能會在程式中發現過去某時間點所造成的 bug, 若想找到 bug 的源頭, 可以一一檢視先前所有的 commit 內容, 但這太沒效率, 為此 Git 提供了 bisect 指令來處理這繁重的作業。此外, blame 指令也是一個好用的追蹤 commit 歷程工具, 可以逐行追蹤是誰修改了程式。一起來看看這兩個實用的指令。

11.1 用 git bisect 找出 bug 源頭

11.1.1 bisect 指令的基本概念

熟悉程式的應該對 bisect (bisection) 二分搜尋法不會太陌生, 就是利用二分法不斷切一半找中間值嘗試、縮小範圍、再切一半找中間值嘗試、再縮小範圍...來做搜尋, Git 也利用此演算法提供一個找 bug 源頭的 **bisect** 指令。它的運作方式是這樣的:首先你要提供一個已知的 "壞" commit (編:有 bug 存在的那個 commit), 如果是最近才發現, 通常是用最新的那次 commit 做為 "壞" 的 commit。

接著, 再提供一個已知的 "好" commit, 也就是確信沒有 bug 的正確 commit。針對這個 "好" commit 你不用太費心思去找, 可以把範圍拉遠一點, 只要往前檢視 commit 歷史, 確定某 commit 送出時, 有 bug 的那個功能在當時是正常的即可 (編:找該功能還沒寫出來的那個版本當然絕對沒問題, 但搜尋的範圍會比較大)。

指定完 "好"、"壞" 兩個 commit 之後, bisect 就會利用二分搜尋法協助我們不斷逼近來找出 bug 源頭。

bisect 的執行指令很簡單, 如下執行就會進入 bisect 模式:

```
git bisect start
```

執行後, bisect 會自動地一一切換 (checkout) 到您設定區間內的各 commits, 在切換的同時, 程式編輯器也會自動顯示該 commit 被送出時的程式版本, 這時您就可以查看程式或做測試, 最後要做的事則是給 Git 一個答案, 告訴 Git 目前所切換到的這個 commit 是好的還是壞的:

git bisect good ◄── 內容 "沒" 問題就輸入此指令

git bisect bad ◄── 內容 "有" 問題就輸入此指令

通常, bug 不見得很容易就可以找到, 因此這個 Git 自動切換、你回報、Git 自動切換、你回報...的互動操作可能會重覆進行好幾次 (視要盤查區間內的 commits 數量而定), 直到找到 bug 的源頭為止。

bisect 指令背後是怎麼運作呢？前面提到, 其實就是利用二分法不斷嘗試、縮小範圍、嘗試、縮小範圍, 搭配下圖來看就可以了解：

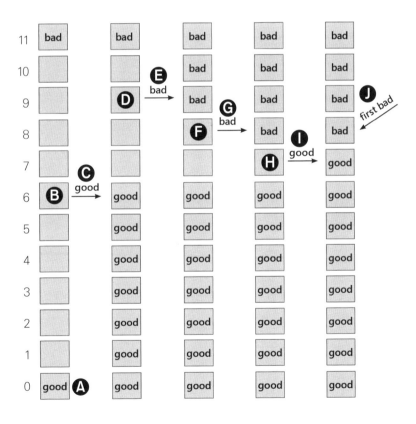

一開始，我們給它一個好 commit 的 ID，這算是搜尋的起點，以上圖來說，例如我們確信 12 個 commit 前 **Ⓐ** 的那個 commit 版本功能是正常的。目標就是在這 12 個 commits 當中找到有 bug 的那一個。

Git 會將範圍內的 commit 用二分法大致分成兩半，第一步先切換到中間值的某個 commit，例如是目前 commit 往前數的第 6 次 commit **Ⓑ**。然後你檢視該 commit 的程式內容，並回報該 commit 是好是壞。

若你回報 commit 6 是好的 **Ⓒ**，意味著在它之前的每一次 commit 都是好的。如果你回報它是壞的，意味著它之後的每個 commit 都是壞的。假設現在 commit 6 是好的，bisect 會將尋找範圍改為 commit 7 到 commit 11，然後再切換到中間值 commit 9 **Ⓓ**。

測試 commit 9 後，假設發現該 commit 的內容是壞的 **Ⓔ**，這意味著 commit 9 之後的每次 commit 都是有錯誤的，現在範圍已經愈來愈小。

接著 bisect 會將範圍改為 commit 7 到 commit 8，並切換到 commit 8 **Ⓕ**。如果 commit 8 是壞的 **Ⓖ**，再接著測試 commit 7 **Ⓗ**，如果 commit 7 是好的 **Ⓘ**，那麼 commit 8 就是第一次產生 bug 的 commit **Ⓙ**。

11.1.2 bisect 的實戰演練

來實際用看看吧！首先作者建立一個名為 BisectTest 的新儲存庫 (編：讀者可以拿先前任一個本機儲存庫來操作，不過這裡要演練的是找出先前某次 commit 時，該版本的程式內容有誤，因此請自行刻意讓當中某個 commit 存有 bug 喔！)：

bisect 範例的儲存庫

Owner * Repository name *

JesseLiberty ▾ / BisectTest ✓

Great repository names are short and memorable. Need inspiration? How about improved-octo-invention?

Description (optional)

A demonstration of using git bisect

◉ **Public**
Anyone on the internet can see this repository. You choose who can commit.

○ **Private**
You choose who can see and commit to this repository.

Initialize this repository with:
Skip this step if you're importing an existing repository.

☑ **Add a README file**
This is where you can write a long description for your project. Learn more.

☑ **Add .gitignore**
Choose which files not to track from a list of templates. Learn more.

.gitignore template: **VisualStudio** ▾

☑ **Choose a license**
A license tells others what they can and can't do with your code. Learn more.

License: **MIT License** ▾

This will set ⌥ main as the default branch. Change the default name in your settings.

Grant your Marketplace apps access to this repository
You are subscribed to 1 Marketplace app

☐ **Slack + GitHub**
Connect your code without leaving Slack

Create repository

　　照之前章節那樣將儲存庫 clone 到本機上。為了演示過程, 本例準備建立 12 個 commits, 並在中間 commit 故意產生一個錯誤, 直到有人在第 12 次 commit 注意到程式有 bug。這可能已經存在很長一段時間, 但都沒有人注意到, 需要用 bisect 來找出從哪個 commit 開始存在 bug, 看看有沒有影響專案的進行 (編: 如果專案有跟他人共用, 可能連 bug 也老早分享出去了! 就有查清楚的必要)。

■ 建立專案程式並累積 commits

這邊我們示範以前面章節常出現的 Calculator 類別建立 12 個 commits。首先建立專案，底下是 Program.cs 一開始的內容：

```
using System;

namespace BisectTest
{
    0 references | 0 authors, 0 changes
    public static class Program
    {
        0 references | 0 authors, 0 changes
        static void Main(string[] args)
        {
            Console.WriteLine("Hello World!");
        }
    }
}
```

程式初始內容

儲存後送出第一次 commit：

```
> git st
On branch main
Your branch is up to date with 'origin/main'.

Untracked files:
  (use "git add <file> ..." to include in what will be committed)
        BisectTest/

nothing added to commit but untracked files present (use "git add" to track)
SESA560987@DESKTOP-D21661F    C:\GitHub\BisectTest    main ≡ +1 ~0 -0 !
> git add .
SESA560987@DESKTOP-D21661F    C:\GitHub\BisectTest    main ≡ +3 ~0 -0 ~
> git commit
[main 174a008] Create the project
 3 files changed, 45 insertions(+)
 create mode 100644 BisectTest/BisectTest.sln
 create mode 100644 BisectTest/BisectTest.csproj
 create mode 100644 BisectTest/Program.cs
SESA560987@DESKTOP-D21661F    C:\GitHub\BisectTest    main ↑1
> git lg
174a008 | Create the project [Jesse Liberty] (26 seconds ago) (HEAD → main)
7259bb3 | Initial commit [Jesse Liberty] (8 minutes ago) (origin/main, origin/HEAD)
SESA560987@DESKTOP-D21661F    C:\GitHub\BisectTest    main ↑1
```

儲存並送出 commit

接著新增 Calculator.cs 程式, 撰寫 Calculator 類別並 commit：

```
namespace BisectTest
{
    public class Calculator
    {
    }
}
```

目前共有 3 個 commit：複製儲存庫時的第一次 commit, 建立
Program.cs 的 commit, 以及建立 Calculator.cs 後的 commit：

```
> git lg
e7e308c │ Add calculator class [Jesse Liberty]  (18 seconds ago)  (HEAD → main)
174a008 │ Create the project [Jesse Liberty]  (5 minutes ago)
7259bb3 │ Initial commit [Jesse Liberty]  (12 minutes ago)  (origin/main, origin/HEAD)
```
3 個 commit

接著要新增 4 個 method (加法、減法、乘法和整數除法) 並在寫好每個
method 後就 commit 一次, 這樣就會有 7 個 commits。最後再新增取餘數
運算 (註：作者在這次的 commit 版本藏了 bug)、實數除法和平方根, 每撰
寫好一個之後也都 commit 一次。

這樣總共有十來次 commits 了。接著回到 Program.cs 程式, 用
Calculator 類別建立物件並執行整數除法, 印出 23/4 的值, 結果應可得到 5。

然後再新增一行程式, 做取餘數的運算：

```
namespace BisectTest
{
    public static class Program
    {
        static void Main(string[] args)
        {
```
接下頁

11-7

```
        var calculator = new Calculator();
        Console.WriteLine($"Integer division of 23/4 is
           {calculator.Divide(23, 4)} ");
        Console.WriteLine(
            $"Modulus 23%4 is {calculator.Modulus(23, 4)} ");
      }
    }
}
```

最後一行程式用 double 雙浮點數計算除法：

```
using System;
namespace BisectTest
{
    public static class Program
    {
        static void Main(string[] args)
        {
            var calculator = new Calculator();
            Console.WriteLine($ "Integer division of 23/4 is
               {calculator.Divide(23, 4)} ");
            Console.WriteLine($ "Modulus 23%4 is
               {calculator.Modulus(23, 4)} ");
            Console.WriteLine($"Real division of 23/4 is
               {calculator.Divide(23.0, 4.0)} ");
        }
    }
}
```

■ 發現 bug！

現在已準備好在程式中展示結果了。執行程式後看到：

```
Integer division of 23/4 is 5
Modulus 23%4 is 5
Real division of 23/4 is 5.75
```

疑？求餘數的計算結果不太對，有 bug！

輸出結果有個明顯的 bug，求餘數的計算結果錯了。在開發現場，您可能很難發現它是從哪裡開始錯的，有時甚至懶得細究，只要把目前手邊的程式改對就好。不過如同前面提到的，萬一這支程式有跟他人共用，還是可能想查出 bug 的發生源頭，此時就可以用 bisect 了。

■ 用 bisect 協助找出 bug 源頭

首先啟動 bisect，一開始，告訴它當前最新的這個 commit 是錯誤的：

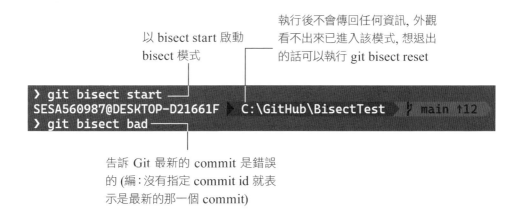

以 bisect start 啟動 bisect 模式

執行後不會傳回任何資訊，外觀看不出來已進入該模式，想退出的話可以執行 git bisect reset

告訴 Git 最新的 commit 是錯誤的 (編：沒有指定 commit id 就表示是最新的那一個 commit)

接著要告訴 Git 一個好的 commit，好讓它能鎖定範圍，首先查看一下日誌：

```
> git lg
51dbcca | Test real division [Jesse Liberty] (7 minutes ago) (HEAD → main, refs/bisect/bad)
6a9f37b | Using the modulus operator [Jesse Liberty] (9 minutes ago)
a196d78 | Test 23/4 in integer division [Jesse Liberty] (13 minutes ago)
6f4cf1d | Add square root [Jesse Liberty] (19 minutes ago)
38fc64a | Add real division [Jesse Liberty] (19 minutes ago)
fb07de9 | Add modulus operator [Jesse Liberty] (22 minutes ago)
49431f9 | Add the divide function [Jesse Liberty] (24 minutes ago)
652a690 | Add the multiply function [Jesse Liberty] (25 minutes ago)
351b39d | Add the subtract function [Jesse Liberty] (26 minutes ago)
7ae0b2d | Add the add function [Jesse Liberty] (27 minutes ago)
e7e308c | Add calculator class [Jesse Liberty] (29 minutes ago)
174a008 | Create the project [Jesse Liberty] (34 minutes ago)
7259bb3 | Initial commit [Jesse Liberty] (41 minutes ago) (origin/main, origin/HEAD)
```

找一個好的 commit

　　本例確信倒數第二列的第二次 commit 是好的, 因為那次的操作只是單純建立專案, 因此用 **checkout** 指令切換到該 commit：

```
git checkout commitID
```

切換到好的 commit

```
> git checkout 174a008
Note: switching to '174a008'.
```

　　你可能會看到關於 "detached HEAD" 的警告, 可以放心地忽略這些警告。現在可以到程式畫面再次確認該 commit 的程式內容, 想當然程式是正確的, 所以告訴 bisect 說現在測試的 commit 是好的：

告訴 bisect 現在所切換到的
"174a008" commit 是好的

```
> git bisect good
Bisecting: 5 revisions left to test after this (roughly 3 steps)
[49431f9b5ec1754adcc4b1647753a371fc4641ec] Add the divide function
SESA560987@DESKTOP-D21661F  C:\GitHub\BisectTest  ⟩ ⟩ (49431f9 ... )|BISECTING ≢ ⟩
```

會主動要您繼續測試這一個

上圖看到 Git 傳回一些有趣的資訊, 首先告訴你由於目前這個 commit 是好的, 那麼還有 5 個被修改的版本需要測試, 大約需要 3 個步驟 (編: 二分搜尋的手法)。

接著還會告訴你它自動切換到了 "Add the divide function. " (49431f9) 這個 commit, 讓我們測試一下該 commit 的程式看看是否正確。

當 Git 幫我們自動切換到 "49431f9" 這個 commit 時, 程式的內容看起來像這樣 (編: Git 在幫您切換 commit 時, 程式畫面就會自動切換到該 commit 建立時的內容) :

```
namespace BisectTest
{
    public class Calculator
    {

     public int Add(int x,  int y)
       {
           return x + y;
       }
       public int Subtract(int x,  int y)
       {
           return x + y;
       }
       public int Multiply(int x,  int y)
       {
           return x * y;
       }
       public int Divide(int x,  int y)      回到還沒有撰寫 Module()
       {                                     method 的版本, 這個版本
           return x / y;                     最新的 method 還是除法
       }
    }
}
```

看起來沒問題。不過當然是因為那時還沒有撰寫計算餘數的 method (因為現在是切換到很早之前的 commit)。現在可以告訴 Git 這個 commit 是好的:

回報另一個好的 commit

```
> git bisect good
Bisecting: 2 revisions left to test after this (roughly 2 steps)
[6f4cf1d761bced5c521fb14b5710ae603fcd6c0a] Add square root
SESA560987@DESKTOP-D21661F ▶ C:\GitHub\BisectTest ▶  (6f4cf1d ... )|BISECTING ⚡
```

繼續測試 "6f4cf1d" 這個 commit

上圖中, bisect 回報縮小了範圍, 現在只剩下兩個版本需要測試 (2 revisions)。我們查看原始的日誌:

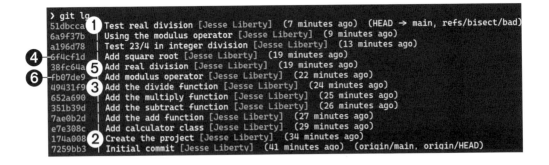

我們整理一下, 本例一開始我們告訴 bisect 最新的 commit 是壞的 ❶, 而第二個 commit 是好的 ❷。然後我們得到的訊息是請開始檢查 "49431f9 (Add the divide function)" 這個 commit ❸, 也就是說 bisect 利用二分法切換到居中的 commit 讓我們測試。

接著我們告訴 Git, 它讓我們測試的 "49431f9 (Add the divide function)" 是好的。所以 Git 認為, "嗯。divide 是好的, 所以把範圍再次分半, 取得 "6f4cf1d (Add square root)" ❹, 看看它是好是壞。

　　當我們測試該程式時, 結果是不對的。所以我們告訴 bisect 平方根的 "6f4cf1d" commit 是壞的, 剩下的 commit 不多了, 這時 bisect 再次幫你切換到 "38fc64a (Add real division)" 的 commit ❺ 供測試。再次查看日誌, 要麼 "38fc64a" commit ❺ 是源頭, 要嘛下面的 "fb07de9" commit ❻ 是源頭:

回報 "6f4cf1d" 是壞的

```
> git bisect bad
Bisecting: 0 revisions left to test after this (roughly 1 step)
[38fc64a7ee715eeb5a01544f36a057fa536c0137] Add real division
```

持續測試 "38fc64a" 這一個

　　測試後 ""38fc64a" commit 也是壞的, 也告訴 bisect:

剩下 0 steps, 已經不用再測試

```
> git bisect bad
Bisecting: 0 revisions left to test after this (roughly 0 steps)
[fb07de9f5ebf963f6eae57c020efa6a1613655d1] Add modulus operator
```

開始出問題的
commit 是這一個

　　結果告訴我們 "Add modulus operator "一定是罪魁禍首, 這時已沒有什麼要測試的 commit 了。我們查看一下程式, 果然, 求餘數的程式使用的是除法運算, 至此, 我們的目的已經達到, 至於找出 bug 源頭的後續作為就看您的需要來進行了:

```
public int Modulus(int x,  int y)
  {
     return x / y;   ← 程式寫錯了!
  }
```

■ 退出 bisect 模式

找到 bug 後, 退出 bisect 搜尋模式的方法很簡單, 執行以下指令即可:

git bisect reset

◆ 小編補充 開始用 bisect start 搜尋錯誤時, 您也可以用以下語法快速指定
好、壞 commit 的區間範圍:

git bisect start "壞的commitId" "好的commitId"

指令前半段是 **git bisect start** 以進入 bisect 模式, 然後先接上壞的 commit id,
空一格後, 再接上好的 commit id。下圖顯示了另一個使用例:

❸ 會提示目前在測哪一個 commit

❶ 啟動 bisect 並指定區間

❷ 逐一測試

```
執行
     C:\Github\RockyHorrorStash    ₽main
> git bisect start ca8e5e4 3525ac6
Bisecting: 1 revision left to test after this (roughly 1 step)
[dc25245e4c8de3da5f3221b6a1ee91f5e427e7b6] using aaa
     C:\Github\RockyHorrorStash    ◦dc25245
> git bisect good
Bisecting: 0 revisions left to test after this (roughly 0 steps)
[23c1a7bd99732ad6ca26ba429ca066ba7d676b23] using bbb
     C:\Github\RockyHorrorStash    ◦23c1a7b
> git bisect bad
23c1a7bd99732ad6ca26ba429ca066ba7d676b23 is the first bad commit
commit 23c1a7bd99732ad6ca26ba429ca066ba7d676b23
Author: tristanchang <tristanchang@gmail.com>
Date:   Sat Sep 3 16:19:28 2022 +0800

    using bbb

RockyHorror/RockyHorror/Program.cs | 3 ++
1 file changed, 2 insertions(+), 1 deletion(-)
```

❹ 找到第一個有問題的 commit 了

用 bisect 找 bug 源頭的演練就到此為止。本節我們用了一個簡單範例，你可以看到 bisect 如何不斷縮小範圍找到首次出錯的 commit，純個人開發時，或許可以不用理會過往的 bug，專注在最新的程式來修改錯誤，但有些版本若存在 bug，日後回復該版本時所得到的內容還是會是錯的，為了保險起見還是可以善用 bisect 喔！

11.2 用 git blame 列出逐行修改軌跡

git blame 指令名稱看起來很...兇 (笑)，但放鬆點，它對於逐行追蹤是誰修改程式非常有幫助，也可以藉此找到 bug 的源頭。指令很簡單，如下：

```
git blame 檔案名稱
```

我們來快速演練一下，假設有一小段程式如下 (編：這裡的演練前準備很簡單，同樣讓某次 commit 的版本藏有 bug 就行，讀者拿手邊任一個儲存庫來操作就行)：

```
namespace RockyHorror
{
    class Program
    {
        static void Main(string[] args)
        {
            var showing = new Showing();
            showing.Location = "Brattle ";
            showing.NumberOfSeats = 250;
            showing.ShowTimes = new List<DateTime>
            (gi)
                new DateTime (0,0,0,10,0,0),
                new DateTime (0,0,0,13,0,0),
                new DateTime (0,0,0,16,0,0),
                new DateTime (0,0,0,19,0,0),
                new DateTime (0,0,0,22,0,0),
                new DateTime (0,0,0,0,1)
            };
        }
    }
}
```

不應該出現的小 bug 影響程式執行

若您有在和他人共用儲存庫, 想知道這個 bug 是誰, 在何時加的, blame 指令可以快速找出來:

執行 blame 指令 (由於是指定檔案名稱, 要記得切換到檔案所處的目錄喔!)

鎖定這一行程式

清楚知道是哪次的 commit 產生的, 何人、何時弄的也清清楚楚

若想在 Visual Studio 使用 blame 功能, 直接在檔案上按右鍵並選擇 **Git**, 然後選 **Blame**:

執行此命令

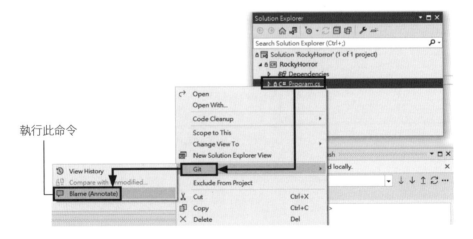

就會在該檔案左側顯示一個區塊，上面會列出程式各行進行編輯的人：

比 command line 介面更清楚看出端倪

MEMO

12

Chapter

回復內容、檔案救援…等常見 Git 使用問題

初學 Git 時，一旦執行指令出現錯誤，常會看到 Git 顯示密密麻麻一串資訊，很多人一看到錯誤訊息就開始慌：如果損壞了 main 主分支怎麼辦？合併錯了內容怎麼辦？萬一遺失了所有的工作怎麼辦？

不用多說，遇到錯誤的第一條規則是保持冷靜，都用 Git 了，沒什麼是回復不了的 ☺。本章就來介紹一些常見的 Git 錯誤及如何修復這些錯誤，這些都將利用 command line 工具來演練，包括：

- 寫錯 commit 訊息
- 剛送出的 commit 中忘記加入變更的檔案
- 撤銷 commit 變更
- 分支的名字取錯了
- 不小時將異動的內容 commit 到錯誤的分支
- 想回復誤刪的檔案
- 想回復到過往某 commit 時間點

本章將透過範例來解答上述問題, 請先自行準備好一個儲存庫 (本例為
ErrorsDemo Repo), 底下是作者常用的 mirror 快速建置法, 步驟如下, 相信
您都已經很熟悉了:

❶ 在 GitHub 建立空的 ErrorDemo 儲存庫並取得 URL。

❷ 回到本機切換到欲執行 mirror 的分支。

❸ 執行 push --mirror 指令將某個本機儲存庫 push 到 ErrorsDemo 的
URL。

❹ 將 ErrorsDemo 儲存庫 clone 回自己的電腦 (確保 clone 到你想要的資
料夾中)。

❺ 將資料夾切換至 clone 好的資料夾 (例如:C:\Github\ErrorsDemo)。

對以上不熟悉的話, 可以到 7.1 節回顧一下做法。

12.1 commit 的訊息寫錯了

這是很常見的需求。我們先顯示目前的 log 內容, 這樣才可以看到變
化:

查看 log 的初始狀態   目前最後一則 commit 的訊息

```
 jesse@Win10    ~  source  repos  errorsdemo  main ≡
 git lg
* 4b080ba - (HEAD → main, tag: ReleaseCandidate, origin/main, origin/HEAD) change name of
 csproj to correct name (4 weeks ago) <Jesse Liberty>
* 8d47c04 - add converter skeleton (10 weeks ago) <Jesse Liberty>
* 2ca4ad9 - add subtract method (10 weeks ago) <Jesse Liberty>
* 877348c - Update csproj (10 weeks ago) <Jesse Liberty>
* c507abf - Add Hello message (10 weeks ago) <Jesse Liberty>
* 3c9929c - Sync'ing with B (10 weeks ago) <Jesse Liberty>
*   2661adc - fix conflicts (10 weeks ago) <Jesse Liberty>
|\
| * da77c91 - First use of Panofy in Dir B (10 weeks ago) <Jesse Liberty>
* | edd7b01 - Initial files from DirA (10 weeks ago) <Jesse Liberty>
|/
* a253788 - Initial commit (10 weeks ago) <Jesse Liberty>
```

如果出錯的是最新的 commit, 解法很簡單, 你只需要執行:

執行
```
git commit --amend
```

這時會開啟 2.6 節指定好的編輯器並讓你修改 commit 訊息:

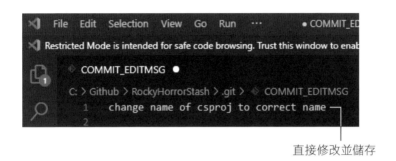

直接修改並儲存

儲存後, 最後一個 commit 的訊息就會更新了, 如下圖:

修改了最後一個 commit 的訊息

萬一想修改的 commit 訊息是更早之前的, 就得利用第 6 章介紹的 interactive rebase 來做了:

執行
```
git rebase -i HEAD~7
```

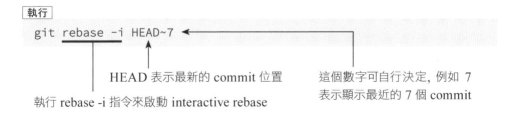

執行 rebase -i 指令來啟動 interactive rebase

HEAD 表示最新的 commit 位置

這個數字可自行決定, 例如 7 表示顯示最近的 7 個 commit

執行後會開啟您在 2.6 節所指定的編輯器, 顯示最新 7 則 commit 的訊息:

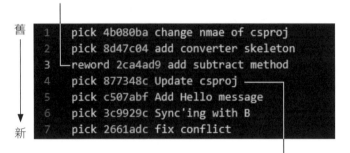

想修改任一則, 將前頭的 pick 改成 reword

```
舊   1    pick 4b080ba change nmae of csproj
     2    pick 8d47c04 add converter skeleton
     3   ─reword 2ca4ad9 add subtract method
     4    pick 877348c Update csproj
     5    pick c507abf Add Hello message
     6    pick 3c9929c Sync'ing with B
 新   7    pick 2661adc fix conflict
```

然後看要改成什麼內容, 改完後
儲存並關閉編輯器就可以了

12.2 剛送出的 commit 中忘記加入變更的檔案

解決此問題的方式與修改 commit 訊息的方式一樣, 使用：**--amend**, 要注意的是只限於用在新的那個 commit。

首先用 **git add** 將你想納入 commit 的異動內容 (新撰寫的程式或新刪除的內容) 加入 staging area 整備區, 完成後, 執行以下指令:

執行
```
git commit --amend
```

執行後會開啟編輯器, 看您是否要修改 commit 訊息, 改完後儲存檔案即可。

> **★編註** 提醒一下, 用 amend 將新內容納入 commit 後, 不會額外多建立
> 一個新的 commit, 但由於是納入新內容, 因此若稍微留意, 會發現最新的那個
> commit ID 會換新, 意思是會產生一個全新的 commit 物件來取代舊的。

　　如果想省事一點, 不想在加入檔案時編輯訊息, 可輸入:

執行
```
git commit --amend --no-edit
```

　　如此一來就不會開啟編輯器, 而是直接將新異動內容納入最新的那則
commit。

12.3 想要撤銷 (undo) 先前送出的 commit

　　剛修改好內容送出 commit 後, 發現後悔了, 雖然無法直接刪除, 但我們
可以用 **revert** 指令來撤銷內容。做法上是先執行 log, 取得要撤銷的那個
commit 的ID (通常是最新那一個, 但也可以是過往的某個 commit), 然後執
行:

```
git revert commit 的 ID
```

　　來實作看看。先執行 log 看看狀態:

查看目前的 log 內容

```
> git lg
* 0b9f686 - (HEAD → main) change name of csproj (2 minutes ago) <Jesse Liberty>
* 8d47c04 - add converter skeleton (10 weeks ago) <Jesse Liberty>
* 2ca4ad9 - add subtract method (10 weeks ago) <Jesse Liberty>
* 877348c - Update csproj (10 weeks ago) <Jesse Liberty>
* c507abf - Add Hello message (10 weeks ago) <Jesse Liberty>
* 3c9929c - Sync'ing with B (10 weeks ago) <Jesse Liberty>
*   2661adc - fix conflicts (10 weeks ago) <Jesse Liberty>
|\
| * da77c91 - First use of Panofy in Dir B (10 weeks ago) <Jesse Liberty>
* | edd7b01 - Initial files from DirA (10 weeks ago) <Jesse Liberty>
|/
* a253788 - Initial commit (10 weeks ago) <Jesse Liberty>
```

例如我們想撤銷中間標著 "Add Hello message" 訊息的那次 commit
(c507abf)：

執行

```
git revert c507abf
```

由於是撤銷中間的 commit，所以很容易遇到合併衝突：

合併衝突

```
> git revert c507abf
Auto-merging Panofy/Panofy/Program.cs
CONFLICT (content): Merge conflict in Panofy/Panofy/Program.cs
error: could not revert c507abf ... Add Hello message
hint: after resolving the conflicts, mark the corrected paths
hint: with 'git add <paths>' or 'git rm <paths>'
hint: and commit the result with 'git commit'
```

◆ 編註　此例會發生衝突不意外，假設當時那個 commit 是要移除 Hello world 的內容，現在要做 revert，等於是將當時「移除 Hello world 程式」這件事撤銷，但這樣一來就會跟現有的程式強碰，也就產生了衝突。

如果您確定想做 revert 的操作, 為解決這衝突, 作者通常會執行第 4 章介紹的工具:

執行
```
git mergetool
```

這會開啟解決衝突的 KDiff3 工具:

現有內容

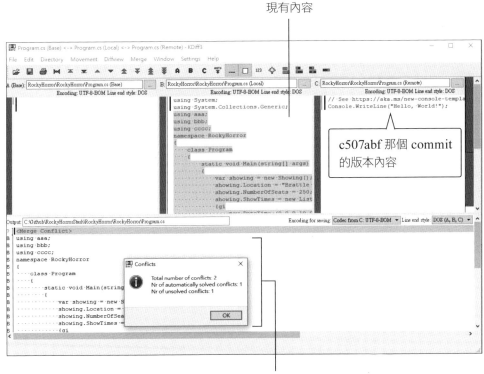

c507abf 那個 commit
的版本內容

在底下將程式修改成
您想要的內容即可

★編註 小編接觸 revert 的感想是, 除非是絕對有必要, 但如果 revert 的是古早之前的 commit, 極可能產生內容的衝突, 有點在自找麻煩, 如果是用在想撤銷最新送出的 commit 可能會比較有需求:

❶ 例如小編想 revert 這則最新的 commit
(也就是想捨棄它所做的異動)

```
> git lg
* 4e9f704 - (HEAD -> main) using ccc (31 minutes ago) <tristanchang>
* 23c1a7b - using bbb (3 days ago) <tristanchang>
* dc25245 - using aaa (3 days ago) <tristanchang>
* 3aaa3e3 - (origin/main, origin/HEAD) Add program.cs first modificat
* 3525ac6 - Instantiate a showing (7 days ago) <tristanchang>
* 52c32b0 - removing hello world (7 days ago) <tristanchang>
```

```
Program.cs  Git Repositor...kyHorrorStash
RockyHorror
using System;
using System.Collections.Generic;
using aaa;
using bbb;
using cccc;
namespace RockyHorror
{
    0 references
    class Program
    {
        0 references
        static void Main(string[] args)
        {
```

❷ 那時是加了一行程式

```
執行
 C:\Github\RockyHorrorStash  main
> git revert 4e9f704
hint: Waiting for your editor to close the file...
```

❸ 利用 revert 指令撤銷最新的 commit ID
❹ 會開啟編輯器

接下頁

12-8

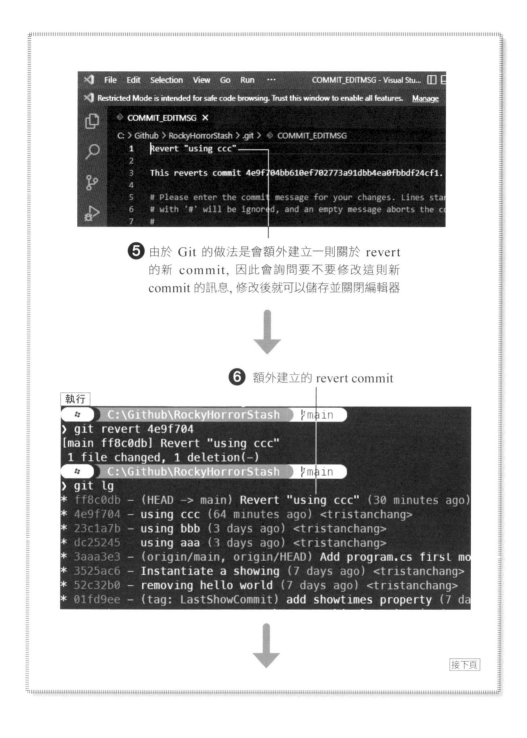

❺ 由於 Git 的做法是會額外建立一則關於 revert
的新 commit，因此會詢問要不要修改這則新
commit 的訊息，修改後就可以儲存並關閉編輯器

❻ 額外建立的 revert commit

接下頁

❼ 直接回到程式編輯畫面, 之前新增的那一
行程式就已經刪除了 (也就是 "using ccc"
那則 commit 被撤銷 (undo) 了

```
Program.cs  ⋔ ✕  Git Repositor...kyHorrorStash
C# RockyHorror
     ⊟using System;
      │ using System.Collections.Generic;
      │ using aaa;
      │ using bbb;
     ⊟namespace RockyHorror
      {
            0 references
     ⊟      class Program
            {
                  0 references
     ⊟            static void Main(string[] args)
                  {
                        var showing = new Showing();
                        showing.Location = "Brattle ";
```

最後補充一點, 由於上面這樣的做法會額外增加一則 commit, 若想維持
commit 歷程的精簡, 另一個 undo 做法是用 12.7 節所介紹的 reset 指令, 後續
就會看到。

12.4 分支的名字取錯了

想要修改分支的名稱很簡單, 首先切換 (checkout) 到想要更名的分支,
輸入以下語法:

```
git branch -m <目前的分支名稱> <想要取的新名稱>
```

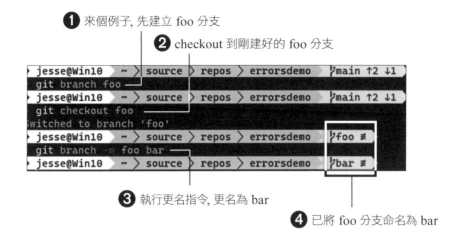

❶ 來個例子, 先建立 foo 分支

❷ checkout 到剛建好的 foo 分支

❸ 執行更名指令, 更名為 bar

❹ 已將 foo 分支命名為 bar

12.5 不小心將異動內容 commit 到錯誤的分支

開發新功能時, 作者經常會忘記先建立一個新的測試分支, 常在 main 主分支就開始做東做西。要解決此問題, 可利用以下的 reset 指令:

```
git branch <new branch>
git reset HEAD~ --hard
```

上面指令中, 先建立一個新分支, 然後下一行指令表示從 main (HEAD~) 中移除剛 commit 的內容, 並將檔案移至新分支中。

❶ 假設忘了建新分支就送出這則 commit

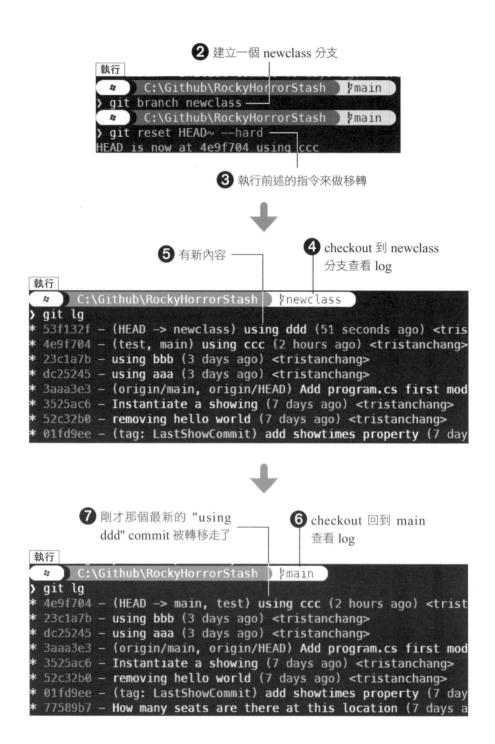

❷ 建立一個 newclass 分支

執行
C:\Github\RockyHorrorStash   ⑂main
❯ git branch newclass
C:\Github\RockyHorrorStash   ⑂main
❯ git reset HEAD~ --hard
HEAD is now at 4e9f704 using ccc

❸ 執行前述的指令來做移轉

❺ 有新內容

❹ checkout 到 newclass
分支查看 log

執行
C:\Github\RockyHorrorStash   ⑂newclass
❯ git lg
* 53f132f — (HEAD -> newclass) using ddd (51 seconds ago) <tris
* 4e9f704 — (test, main) using ccc (2 hours ago) <tristanchang>
* 23c1a7b — using bbb (3 days ago) <tristanchang>
* dc25245 — using aaa (3 days ago) <tristanchang>
* 3aaa3e3 — (origin/main, origin/HEAD) Add program.cs first mod
* 3525ac6 — Instantiate a showing (7 days ago) <tristanchang>
* 52c32b0 — removing hello world (7 days ago) <tristanchang>
* 01fd9ee — (tag: LastShowCommit) add showtimes property (7 day

❼ 剛才那個最新的 "using
ddd" commit 被轉移走了

❻ checkout 回到 main
查看 log

執行
C:\Github\RockyHorrorStash   ⑂main
❯ git lg
* 4e9f704 — (HEAD -> main, test) using ccc (2 hours ago) <trist
* 23c1a7b — using bbb (3 days ago) <tristanchang>
* dc25245 — using aaa (3 days ago) <tristanchang>
* 3aaa3e3 — (origin/main, origin/HEAD) Add program.cs first mod
* 3525ac6 — Instantiate a showing (7 days ago) <tristanchang>
* 52c32b0 — removing hello world (7 days ago) <tristanchang>
* 01fd9ee — (tag: LastShowCommit) add showtimes property (7 day
* 77589b7 — How many seats are there at this location (7 days a

12.6 發現誤刪檔案, 而且老早就送出 commit 了⋯

　　有時候你可能會誤刪某個檔案, 而且在多次 commit 後才發現。這時可先用 git log 往前找到該檔案存在的某個 commit ID。想從該 commit 中取回該誤刪檔的指令如下:

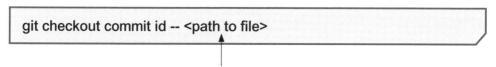

git checkout commit id -- <path to file>

　　　　檔案的路徑是相對於專案根目錄
　　　　的, 或者, 指明絕對路徑也可以

❶ 假設, 在某一次修改 Program.cs 時,
順順利利送出那次異動的 commit

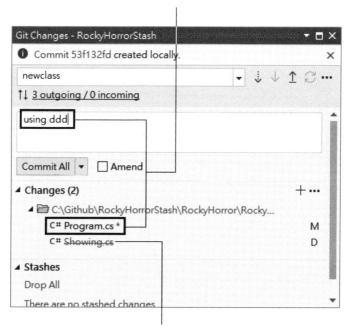

❷ 卻沒注意到那一次把
不相干的檔案刪除了

❸ 查看 log 後, 確信 4e9f704 那
時的 commit 是有該檔案的

```
> git lg
* 41c39b9 - (HEAD -> newclass) using ddd (9 seconds ago) <tristanchang>
* 4e9f704 - (test, main) using ccc (2 hours ago) <tristanchang>
* 23c1a7b - using bbb (3 days ago) <tristanchang>
* dc25245 - using aaa (3 days ago) <tristanchang>
* 3aaa3e3 - (origin/main, origin/HEAD) Add program.cs first modifications (7 days ago) <t
* 3525ac6 - Instantiate a showing (7 days ago) <tristanchang>
* 52c32b0 - removing hello world (7 days ago) <tristanchang>
* 01fd9ee - (tag: LastShowCommit) add showtimes property (7 days ago) <tristanchang>
* 77589b7 - How many seats are there at this location (7 days ago) <tristanchang>
* 2fec058 - Add location property (7 days ago) <tristanchang>
* 9379bfc - create Showinng Class (7 days ago) <tristanchang>
* 0665b70 - Initial creation of program (8 days ago) <tristanchang>
* bd40919 - Initial commit (8 days ago) <tristanchang>
    ⊞  C:\Github\RockyHorrorStash   ⎇ newclass
> git checkout 4e9f704 -- C:\Github\RockyHorrorStash\RockyHorror\RockyHorror\Showing.cs
```

❹ 執行前述指令   指明誤刪檔的原始路徑

　　現在查看狀態, 你的整備區應該會有該檔案出現 (當然, 應該是早期的版本, 若確信還有更新的版本, 可用相同的做法從其他 commit 取回):

檔案被救回來原本的位置了,
後續就看自己要做哪些處理

```
執行
    ⊞  C:\Github\RockyHorrorStash   ⎇ newclass
> git st
On branch newclass
Changes to be committed:
  (use "git restore --staged <file>..." to unstage)
        new file:   RockyHorror/RockyHorror/Showing.cs
```

　　除了指明 commit ID 外, 另一種方法是透過 HEAD 位置取回檔案, 例如:

```
git checkout HEAD~4 -- <path to file>
```

　　上面指令的意思是 "往回到第 4 個 commit 並從那裡取回檔案"。這兩種寫法都同樣可以救回檔案。

12.7 ★小編補充 回復到先前某個 commit 時間點的檔案內容

初學 Git 時, 難免會東測西測, 到頭來可能搞得儲存庫有點紊亂, 本書作者雖然沒有特別提到, 但「回復到先前某個 commit 的狀態」可能對您學習本書會有幫助, 當然, 不只是東測西測後可以回復原狀, 這可能也是很多人想用 Git 的主要目的: 那就是在不同時間點留下 commit, 之後有需要時隨時可以回復到想要的 commit 版本。

能做到這一點的就是先前曾經出現過的 **reset** 指令, 這裡的用法如下:

git reset commidID --hard

指明想回復到哪
個 commitID

後面接想要用哪個模式來 reset, --hard
參數是小編最常用的 (其餘還有 --soft、--
mixed 參數, 後續會說明差異)

12.7.1 回復到過往某個 commit 時間點

直接來看個例子, 先從檢視 log 開始:

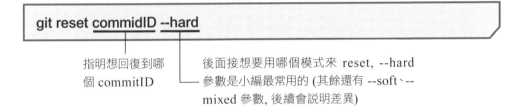

執行

```
C:\Github\RockyHorrorStash   ♭main
> git log --oneline
4e9f704 (HEAD -> main, origin/main, origin/HEAD, test, newclass) using ccc
23c1a7b using bbb
dc25245 using aaa
3aaa3e3 Add program.cs first modifications
3525ac6 Instantiate a showing
52c32b0 removing hello world
01fd9ee (tag: LastShowCommit) add showtimes property
77589b7 How many seats are there at this location
2fec058 Add location property
9379bfc create Showinng Class
0665b70 Initial creation of program
bd40919 Initial commit
```

❶ 現在假設我們想回復到 3aaa3e3 這個舊 commit 被送出時的檔案版本

❷ 執行 reset 指令並指明 commit ID

```
執行
    C:\Github\RockyHorrorStash    ⅄main
> git reset 3aaa3e3 --hard
HEAD is now at 3aaa3e3 Add program.cs first modifications
```

❸ 執行後 Git 告知目前
已處在該 commit 上

❹ 再次查看 log

❺ 果然回到想要的時間點了, 可看到
最新 ID 是我們所指定的 3aaa3e3

```
> git log --oneline
3aaa3e3 (HEAD -> main) Add program.cs first modifications
3525ac6 Instantiate a showing
52c32b0 removing hello world
01fd9ee (tag: LastShowCommit) add showtimes property
77589b7 How many seats are there at this location
2fec058 Add location property
9379bfc create Showinng Class
0665b70 Initial creation of program
bd40919 Initial commit
```

```
Program.cs  ⊓ ×  Git Repositor...kyHorrorStash
RockyHorror
    □using System;
     using System.Collections.Generic;

    □namespace RockyHorror
     {
          0 references
          class Program
          {
               0 references
               static void Main(string[] args)
               {
                    var showing = new Showing();
                    showing.Location = "Brattle ";
                    showing.NumberOfSeats = 250;
                    showing.ShowTimes = new List<DateTime>
                    {
                         new DateTime (0,0,0,10,0,0),
                         new DateTime (0,0,0,13,0,0),
                         new DateTime (0,0,0,16,0,0),
                         new DateTime (0,0,0,19,0,0),
                         new DateTime (0,0,0,22,0,0),
                         new DateTime (0,0,0,0,0,1)
                    };
```

❻ 假設您檢視開啟程
式, 所看到的將會
是 "3aaa3e3" 那個
時間點的程式內容

12.7.2 反悔了！想要「再」回復到最新版本？也行！

　　小編覺得這個 reset 功能好用的地方在於, 您不光是能回復到過往的舊 commit, 只要您有需要, 也可以再回復到舊 commit 之後的任一個新的 commit (以本例來說, 就是比 "3aaa3e3" 還新的那 3 個 commit), 不過前提是**您得知道那些 commit 的 ID 值** (萬一壓根不記得, 請看本節最後的補充說明) , 由此我們也可以知道, 只要某 commit 曾被建立, 不過當下您看不看得到, 都有辦法可以回復:

❶ 同樣指明 ID, 不論建立的時間點為何, 都可以 reset

```
執行

  ⊞  C:\Github\RockyHorrorStash    ⎇ main
⟩ git reset 4e9f704 --hard
HEAD is now at 4e9f704 using ccc
  ⊞  C:\Github\RockyHorrorStash    ⎇ main
⟩ git log --oneline
4e9f704 (HEAD -> main, origin/main, origin/HEAD, test, newclass) using ccc
23c1a7b using bbb
dc25245 using aaa
3aaa3e3 Add program.cs first modifications
3525ac6 Instantiate a showing
52c32b0 removing hello world
01fd9ee (tag: LastShowCommit) add showtimes property
77589b7 How many seats are there at this location
2fec058 Add location property
9379bfc create Showinng Class
0665b70 Initial creation of program
bd40919 Initial commit
```

❷ 最新內容通通回來了, 可以自行查看程式內容驗證這一點

12.7.3 reset 指令的三種參數 (--hard、--soft、--mixed)

　　在執行 reset 指令時可以執行三種參數, 若沒有指定則預設是 --mixed。這三個參數主要的差異很簡單, 舉個例子來說, 假設您利用 reset 回復到 7 個 commit 之前, 那時程式都還沒開始寫, 但問題是經過 7 個 commit 下來我們陸續寫了很多內容, 那麼 reset 時要處理如何這些新內容 (當然也可能是刪除內容, 總之是新的異動), 就可以善用三種參數來做選擇了, 它們的差異如下:

-- hard	--mixed (預設)	--soft
刪除新內容	保留新內容	保留新內容
未 add	未 add	已 add
未 commit	未 commit	未 commit

來做個實驗您很快就會理解上表的意思，假設目前當下最新 commit 的程式內容如右：

```
using System;
using System.Collections.Generic;
using aaa;
using bbb;
using cccc;
namespace RockyHorror
{
    0 references
    class Program
    {
        0 references
        static void Main(string[] args)
        {
            var showing = new Showing();
            showing.Location = "Brattle ";
            showing.NumberOfSeats = 250;
            showing.ShowTimes = new List<DateTime>
            {gi
                new DateTime (0,0,0,10,0,0),
                new DateTime (0,0,0,13,0,0),
                new DateTime (0,0,0,16,0,0),
                new DateTime (0,0,0,19,0,0),
                new DateTime (0,0,0,22,0,0),
                new DateTime (0,0,0,0,0,1)
            };
        }
```

● --hard：

先試試用 --hard 回後到 7 個版本之前

```
執行
  C:\Github\RockyHorrorStash  ⑂main
> git reset 0665b70 --hard
HEAD is now at 0665b70 Initial creation of program
  C:\Github\RockyHorrorStash  ⑂main
> git status
On branch main
Your branch is behind 'origin/main' by 10 commits, and can be fast-forwarded.
  (use "git pull" to update your local branch)

nothing to commit, working tree clean
```

檢視一下狀態

工作區是空的, 沒任何異動

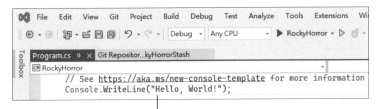

查看程式內容, 新內容全不見了, 那個時間點才剛建立 Hello world

● **--mixed**：

改試試 --mixed 參數

偵測到工作區的 Program.cs 檔案異動 (其實就是新內容被保留下來了), 接下來若想送出 commit, 得做 add+commit 二階段操作

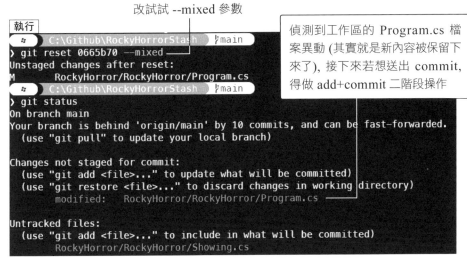

查看程式內容, 果然內容都還在, 後續就看您想如何處理了

● **--soft**：

最後試試 --soft 參數

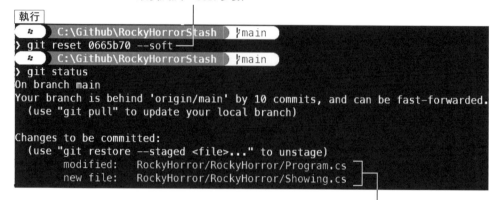

查看狀態得知有異動的內容已經被加入 staging
area 整備區了 (即不用再執行 git add 指令), 若
有需要的話, 下一步直接就可以送出 commit

```
Program.cs  ₽  ✕   Git Repositor...kyHorrorStash
C# RockyHorror
    using System;
    using System.Collections.Generic;
    using aaa;
    using bbb;
    using cccc;
    namespace RockyHorror
    {
        0 references
        class Program
        {
            0 references
            static void Main(string[] args)
            {
                var showing = new Showing();
                showing.Location = "Brattle ";
                showing.NumberOfSeats = 250;
                showing.ShowTimes = new List<DateTime>
                {gi
                    new DateTime (0,0,0,10,0,0),
                    new DateTime (0,0,0,13,0,0),
                    new DateTime (0,0,0,16,0,0),
                    new DateTime (0,0,0,19,0,0),
                    new DateTime (0,0,0,22,0,0),
                    new DateTime (0,0,0,0,0,1)
                };
            }
```

查看程式內容,
程 式 也 都 在,
端看後續您想
如何處理

12-20

現在已經充分已經了解 reset 指令的妙用了吧！這個指令功能強大, 舉凡 12.3 節、12.6 節這類「undo」的問題, 也都可以用 reset 指令來做。但重申一下, 想往「前」回復到舊時間的 commit 不難, 用 git log 查一下 ID 就好；重點是往「後」回復到新 commit, 得稍微記一下 commit ID 值才有辦法回復喔！

如果您實在沒記下某個版本的 commit ID, 用 git log 也查不到, 沒關係, 改用 git reflog 這個「救命稻草」有機會可以查到：

git reflog ← 凡 HEAD 指標有異動, 都可以在 reflog 指令查到

❷ 查看 log, 自然只有那時的記錄。若反悔了, 卻沒記下任何新 commits 的 ID 怎麼辦？

❶ 假設回復到很舊之前的版本

```
執行
     C:\Github\RockyHorrorStash    ♭newclass
> git reset 0665b70 --hard
HEAD is now at 0665b70 Initial creation of program
     C:\Github\RockyHorrorStash    ♭newclass
> git log --oneline
0665b70 (HEAD -> newclass) Initial creation of program
bd40919 Initial commit
     C:\Github\RockyHorrorStash    ♭newclass
> git reflog
4e9f704 (origin/main, origin/HEAD, HEAD@{51}: commit: using ccc): using ccc
ca8e5e4 HEAD@{52}: reset: moving to ca8e5e4
1c1c0ea HEAD@{53}: rebase (finish): returning to refs/heads/main
1c1c0ea HEAD@{54}: rebase (start): checkout HEAD~10
1c1c0ea HEAD@{55}: commit (amend): Revert "using ccc"
7b1e259 HEAD@{56}: revert: Revert "using ccc"
ca8e5e4 HEAD@{57}: reset: moving to ca8e5e4
fb9d616 HEAD@{58}: revert: Revert "using cccc"
```

❸ 執行 git reflog

❹ 若異動很多, 可能會有不少筆 log, 請耐心查找, 例如這筆正是提交最新 commit 那時所產生的 ID

MEMO

玩真的！
Git×
GitHub
實戰手冊

Git for Programmers

玩真的！

Git x GitHub
實戰手冊

Git for Programmers